Maya粒子表达式应用
MayaLIZIBIAODASHIYINGYONG

编著 刘永刚

东南大学出版社
·南京·

图书在版编目(CIP)数据

Maya 粒子表达式应用/刘永刚编著. —南京：东南大学出版社,2013.2
高等院校动漫系列教材. 第 2 辑/温巍山主编
ISBN 978-7-5641-4111-0

Ⅰ.①M… Ⅱ.①刘… Ⅲ.①三维动画软件—高等学校—教材 Ⅳ.①TP391.41

中国版本图书馆 CIP 数据核字(2013)第 033224 号

高等院校动漫系列教材

Maya 粒子表达式应用

编　著　刘永刚

选题总策划	李　玉	责任印制	张文礼
责任编辑		封面设计	沈　林　姬玉东　余武莉

出版发行	东南大学出版社
出 版 人	江建中
社　　址	南京市四牌楼 2 号　　邮　编　210096
经　　销	全国各地新华书店
印　　刷	扬中市印刷有限公司
开　　本	787mm×1092mm　1/16
印　　张	11.5
字　　数	320 千字
版　　次	2013 年 2 月第 1 版　2013 年 2 月第 1 次印刷
印　　数	1—3000 册
书　　号	ISBN 978-7-5641-4111-0
定　　价	78.00 元

(本社图书若有印装质量问题,请直接与营销部联系,电话:025-83791830)

高等院校动漫系列教材编委会名单
(按姓氏笔画排序)

于少非	王　钢	王承昊	王继水	王新军
毛小龙	占必传	叶　苹	冯　凯	宇文莉
过伟敏	刘　赦	刘剑波	汤洪泉	孙立军
孙宝林	杜坚敏	杨红康	杨建生	李向伟
李志强	李剑平	李超德	肖永亮	何晓佑
张广才	张承志	张秋平	汪瑞霞	陆成钢
林　超	周小儒	赵　前	洪　涛	贺万里
秦　佳	顾严华	顾明智	顾森毅	晓　欧
徐　茵	殷　俊	郭承波	凌　青	曹小卉
曹建文	温巍山	廖　军	薛　锋	薛生辉

编 委 简 介

于少非　中国戏曲学院新媒体艺术系主任
晓欧(笔名)　中央美术学院城市设计学院动画系主任
肖永亮　北京师范大学艺术与传媒学院副院长
林　超　中国美术学院传媒动画学院教授

宇文莉　CCTV资深电脑美术专家，ACG国际动画教育中方学术专家
王　钢　同济大学设计学院动画系主任
何晓佑　南京艺术学院副院长、教授、博士生导师
李向伟　南京师范大学美术学院院长、教授
过伟敏　江南大学设计学院院长、教授、博士生导师
廖　军　苏州大学艺术学院院长、教授、博士生导师
李超德　苏州大学艺术学院副院长、教授
孙立军　北京电影学院动画学院院长、教授、硕士生导师
张承志　南京艺术学院传媒学院院长、教授
占必传　江苏技术师范学院艺术设计学院院长、教授
刘　赦　南京师范大学美术学院副院长、教授、博士生导师
曹小卉　北京电影学院动画学院副院长、教授、硕士生导师
李剑平　中央电视台动画片导演
秦　佳　常州工学院艺术与设计学院·创意学院院长、副教授
薛　锋　常州工学院艺术与设计学院·创意学院副教授、高级工艺美术师
温巍山　常州工学院艺术与设计学院·创意学院副院长、副教授
汪瑞霞　常州工学院艺术与设计学院·创意学院副院长、副教授

周小儒　南京工业大学艺术设计学院副院长、副教授
洪　涛　中国人民大学徐悲鸿艺术学院插图工作室副教授、硕士生导师
赵　前　中国人民大学徐悲鸿艺术学院动画工作室副教授、硕士生导师

贺万里　扬州大学艺术学院副院长、教授
杨建生　盐城工学院设计艺术学院副院长、副教授
叶　苹　江南大学设计学院副院长、教授

郭承波　南京财经大学艺术设计系主任、教授
顾森毅　南通大学艺术学院副院长
张广才　江苏教育学院美术系主任、副教授
凌　青　南京师范大学美术学院动画系主任、副教授
王承昊　晓庄学院美术学院院长、副教授
孙宝林　淮阴师范学院美术系副主任、副教授
张秋平　金陵科技学院艺术学院院长

毛小龙　江西师范大学美术学院副院长
顾严华　深圳职业技术学院动画学院副院长
薛生辉　江苏技术师范学院艺术设计学院副院长、副教授
汤洪泉　江苏技术师范学院艺术设计学院副院长、副教授
陆成钢　河北大学工艺美术学院副院长
冯　凯　大连职业技术学院艺术分院院长
李志强　常州工学院艺术与设计学院·创意学院美术系主任、副教授
徐　茵　常州工学院艺术与设计学院·创意学院动画系主任
曹建文　江苏技术师范学院艺术设计学院摄影动画系主任、副教授
刘剑波　常州轻工职业技术学院艺术设计系

王继水　常州机电学院计算机系主任
王新军　常州工学院艺术与设计学院环境艺术设计系主任
杜坚敏　常州信息职业技术学院艺术设计系主任
顾明智　常州纺织服装职业技术学院艺术设计系主任
殷　俊　江苏大学艺术学院院长助理、副教授
杨红康　常州贝贝动画培训中心校长

出版说明

当人类社会进入21世纪之时,动漫就已被业界称为当今社会经济发展的四大产业(动漫、IT、网游、电子)之一。动漫,这一曾被人们认为"仅是哄孩子们观赏的小玩艺儿,是小投入的低端东西",现如今已经发展成为集影视、音像、出版、旅游、广告、教育、玩具、文具、网络、电子游戏于一体的动漫产业,成为当今日本、美国、韩国三大动画生产国的文化支柱产业。

动漫(作品)以其特殊的表现形式,不仅对孩子具有独特的愉悦和教化作用,更是一个具有数亿消费市场、不断创新载体的朝阳产业。动漫产业对推动地域经济发展具有明显的促进作用。

为了更好实践大学出版社办社宗旨,针对我国动漫业自主研发和原创能力较低,动漫研发人才与动漫专业师资匮乏,特别是动画中、高级人才奇缺,动漫专业教材资料滞后严重制约动漫产业持续发展这一状况,早在2004年,我们就开始设想策划组织出版一套动漫系列教材。2005年经社会调研及与有关院校从事动漫艺术与设计教学与科研工作多年的骨干教师研讨,确定针对当时高校动漫专业课程设置中,最基础的三门课程组织编撰教材,于2006年10至11月首批出版了"高等院校动漫系列教材"(第1辑)计3种:《动漫速写》、《动画发展史》、《Maya基础教程》。

现从3年实践情况来看,动漫系列教材(第1辑)的运作是成功的。

1. 自2006年底我社策划、组织、出版的"高等院校动漫系列教材"(第1辑)3种面市以来,受到社会广大读者及出版业界的广泛关注:①不少艺术院校老师来电、来访,了解教材编写计划,希望加入编撰队伍;②引起有关报社记者关注,对该套教材的出版作电话专访;③《动漫速写》进入当当网(2008)国内销售前100排名。

2. ①《动漫速写》经教育部专家组审定,于2006年9月被确定为"普通高等教育'十一五'国家级规划教材"。

②《动画发展史》于2008年2月经专家组评定,获常州市第十届哲学社会科学优秀成果一等奖。

3. "高等院校动漫系列教材"(第1辑)出版至今,已多次重印,被全国大部分已开设动漫专业的高校、大中专及职业院校选用作教材,并被不少社区动漫人才培训机构选用。

随着国家对发展我国动漫文化产业的重视,一系列扶持政策不断出台,力度不断强化,可以看见短短的几年中,我国动漫"产"、"学"、"研"各方面的发展都突飞猛进,呈现良好态势。为此,2007年底,我们开始策划出版"高等院校动漫系列教材"第2辑。经2008年筹备,于2009年初召开了"动漫教材出版研讨会",初步确定"高等院校动漫系列教材"(第2辑)二十余种,并计划在"十二五"期间陆续出版。

我们相信,在众多动漫(画)专业高端专家的热情指导下,一线骨干教师的积极参与下,此辑动漫系列教材一定能更具"原创性强、实用性强、以教材教学促项目"之特色,为繁荣我国的动漫人才培养、动漫文化产业经济发展增添重彩。

选题总策划
2009年10月于南京

前　言

PREFACE

　　动画的发展呼唤着献身动画事业的人才,动画的发展也离不开动画创作基础人才的培养。随着社会各界对于动画事业发展的日益关注,人们越来越重视动画教育的形式和手段。动画艺术是一门独特的综合性艺术形式,极具感染力和视觉冲击力。色彩风景作为动画重要的视觉基础元素之一,在动画专业中,可以表达情绪、渲染意境,色彩风景的诗意表现,可以引起观众的共鸣,富有装饰性和主观性的色彩风格可以给人们带来心理和精神上的满足。本书就是针对动画设计所需的知识与技能,详细讲述了学习动画色彩风景表现的技法,用图文并茂的形式力求通俗易懂。

　　动画色彩风景是以自然色彩的认识和表现作为依据,从而达到主观色彩的表达和运用。艺术之美来源于自然,又高于自然。色彩风景训练能够培养我们深刻入微地观察物象和大自然的微妙变化,去粗取精、去伪存真,并发现其中最能打动我们心弦的东西,然后用精练的笔触和恰到好处的色彩去表达心中感受的诗意和笔趣。自然色彩的观察分析方法和认识规律是动画色彩的基本认识形式,在探索自然色彩中获取色彩内在的表现力,动画色彩风景学习的目的是在探索自然色彩中获取色彩内在的表现力,从而超越色彩对表面的模仿与描绘,了解色彩的情感性、意向性,进行主动性的认识和创造,在动画的创作中尤如长了一对翅膀,可以在色彩的天空里任意翱翔。色彩风景的内容从我们生活的每个具体空间的风景到日常生活中的道具,题材是相当丰富的。如何把生动的场景和气氛塑造得更形象,更具有艺术感,对于时空、物质的特征感觉更敏锐,这需要大量的练习才能积累起来。

法国画家安格尔说:"从自然这个所有伟大的艺术家的真正母亲中汲取力量,自然中所存在的并将永远存在着的宝库之大竟是如此难以估量,就像大海深处隐藏着万物那样莫测高深,取之不尽。"对于动画从业者来说,要想成为优秀的动画设计师,必须在色彩写生和创作实践中摸索、体验、掌握,不仅让自己具备感受美的眼睛,而且具有表现、创造美的能力。

动画色彩风景作为动画创作的基因,它依然是构思、草图、创作的最有效的形式。动画色彩风景课程是一门沐浴自然、抒发自然并陶冶情操的课程,有鉴于此,为满足艺术院校的教学需要和社会多方面的需要,我们编写了《动画色彩风景表现技法》。在本书的撰写过程中,陈宏可、叶峰绘制了动画色彩风景的很多范画,并精心拍摄、整理了大量的作品。由于作者一面教学,一面编写,时间紧迫,水平有限,书中一定存在诸多不足,敬请各位专家、同行和读者不吝指正。

作者

2013 年 1 月

目　录

第 1 章　消失光环/1

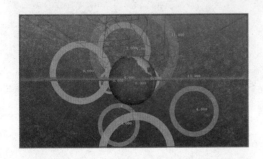

第 2 章　下落的字符/16

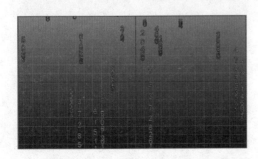

第3章 射　　箭/34

第4章　群组动画/59

第5章 爆　　炸/87

第6章 扫 射/115

第7章 龙卷风/143

第8章 案例——天龙生物/164

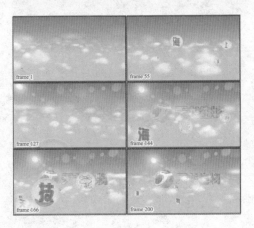

第1章 消失光环

本章内容是来源于一实际项目片头的简化版,其特点是旋转的星球不断释放出五彩的光环,场景截屏效果与渲染效果分别如图1-1和图1-2所示:

图1-1　　　　　　　　　　　　　　图1-2

首先进行场景准备,先完成星球和摄像机的准备,具体制作过程受本书的主旨所限,不详细阐述,星球场景初步效果如图1-3所示:

星球材质节点如图1-4所示:

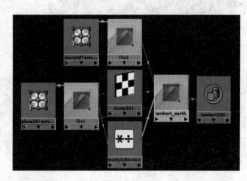

图1-3　　　　　　　　　　　　　　图1-4

材质节点中 File1 和 File2 的贴图效果如图 1-5 所示：

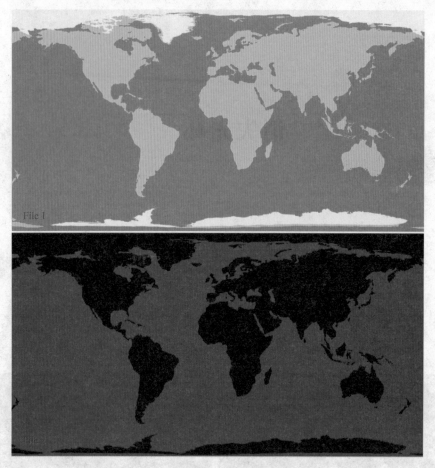

图 1-5

在摄像机 Cam 的背景图上我们进行了设置，即使用了 ramp 贴图，ramp 贴图调整效果如图 1-6 所示：

此时渲染场景效果如图 1-7 所示：

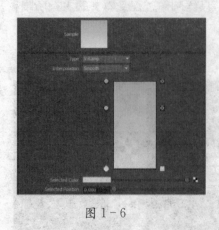

图 1-6

图 1-7

由于光环需要进行粒子替代，因此在场景中先完成光环实体模型及材质的准备。在场景中创建15个片状圆环，可以采用复制的方法实现，效果如图1-8所示：

圆环的材质显示如图1-9所示：

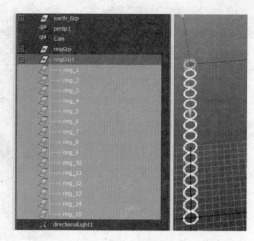

图1-8

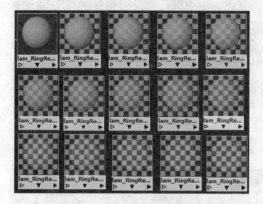

图1-9

圆环的材质都一样，只有透明度逐渐递增，从完全不透明到完全透明，圆环材质的辉光属性都开启，此时15个圆环渲染效果如图1-10所示：

图1-10

在材质设定上本例较麻烦地使用了15个材质球依次设定透明度，如果我们借助Mel会很快地实现该效果，但是在粒子替代中有时会出现透明度不发生改变的情况，但Mel的实现方法本人会在后边介绍给大家。

在场景与替换模型准备完毕后，我们要在场景中创建粒子了。首先将Maya模块切换到Dynamics，执行Particle\Create Emitter选项，在弹出的Emitter Options选项设置效果如图1-11所示：

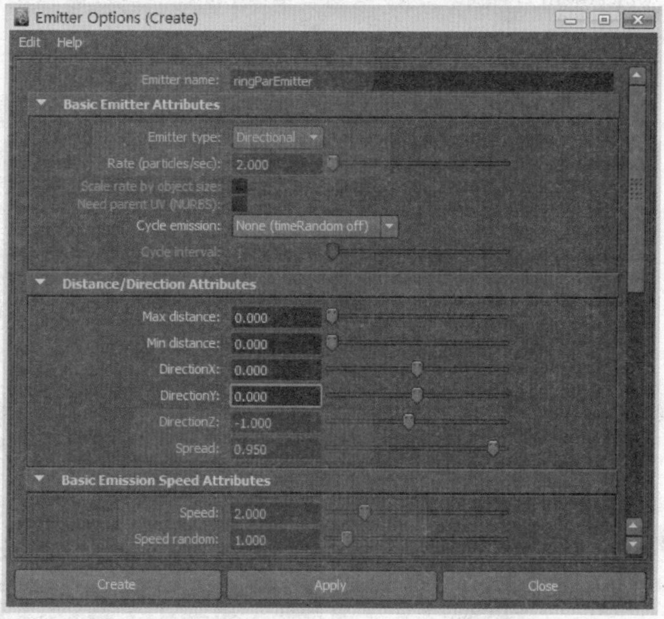

图1-11

设置完成后在 Maya 的预设面板中将 Looping 设为 Once，将 Playback speed 设为 Play every frame，设置效果如图 1-12 所示：

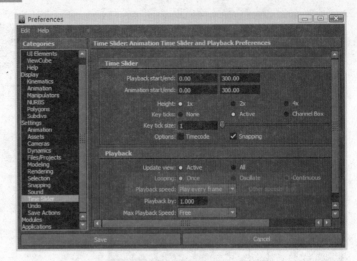

图 1-12

此时播放场景，由于粒子的形态默认情况下是 point，因此不容易观察，此时可在 Outliner 视图中选择粒子，并按"Ctrl+a"打开粒子的属性编辑器，在属性编辑器的 Render Attributes 选项中将 Particle Render Type 由 points 改为 Spheres，并将 Radius 由原来的 0.5 设为 0.15，设置效果与场景显示如图 1-13 所示：

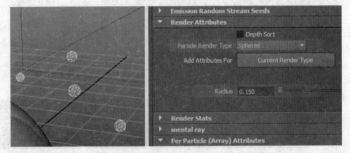

图 1-13

然后在大纲视图中依次选择 15 个圆环，并执行 Particles \ Instancer \ (Replacement)，在弹出的设置窗口中维持默认选项即可，但注意模型的选择顺序不要出错，窗口效果如图 1-14 所示：

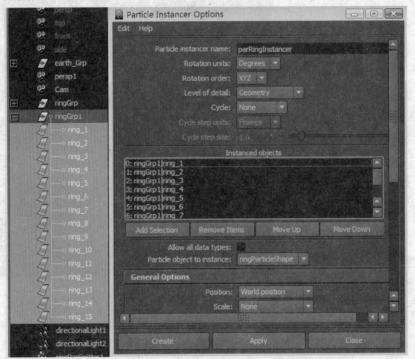

图 1-14

此时场景显示效果如图 1-15 所示：

在图 1-15 中所示的圆环我们需要进行一下旋转，这样使其在场景中的显示能作为星球的背景。

图 1-15

此时既然已经使用了粒子替代，那么对于圆环的旋转我们就可以通过控制粒子的方式来实现，首先为粒子添加一新属性。方法是选中粒子并打开属性编辑器，找到其 Add Dynamic Attributes 卷展栏，并点击该卷展栏下的 General 选项，在新弹出的 Add Attribute 选项中，在 Long name 中输入 cusInsObjRotPPVec，将 DataType 设为 Vector，将 Attribute Type 设为 Per particle(array)，详细设置过程如图 1-16 所示：

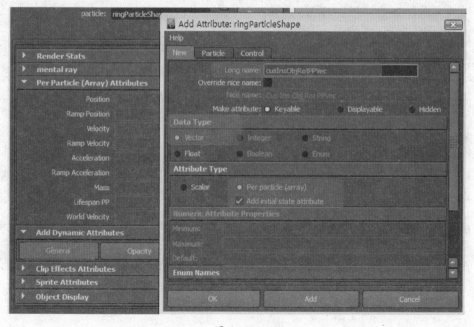

图 1-16

关于向粒子增加新属性的方法请读者掌握,另外注意新属性的名字应该具有很好的识别性,这样方便使用。在新属性添加之后它会出现在粒子的 Per Particle(Array) Attributes 列表中,然后在该属性上右击鼠标,在弹出的菜单中选择 Creation Expression…,过程如图 1-17 所示:

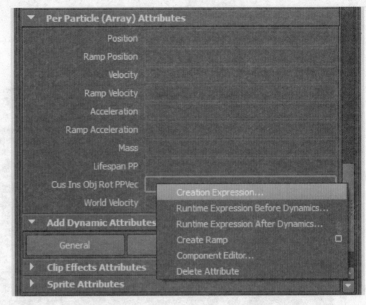

图 1-17

在弹出的 Expression Editor 窗口中,为新建属性添加表达式语句如下:

ringParticleShape.cusInsObjRotPPVec=<<90,0,0>>;

表达式输入效果如图 1-18 所示:

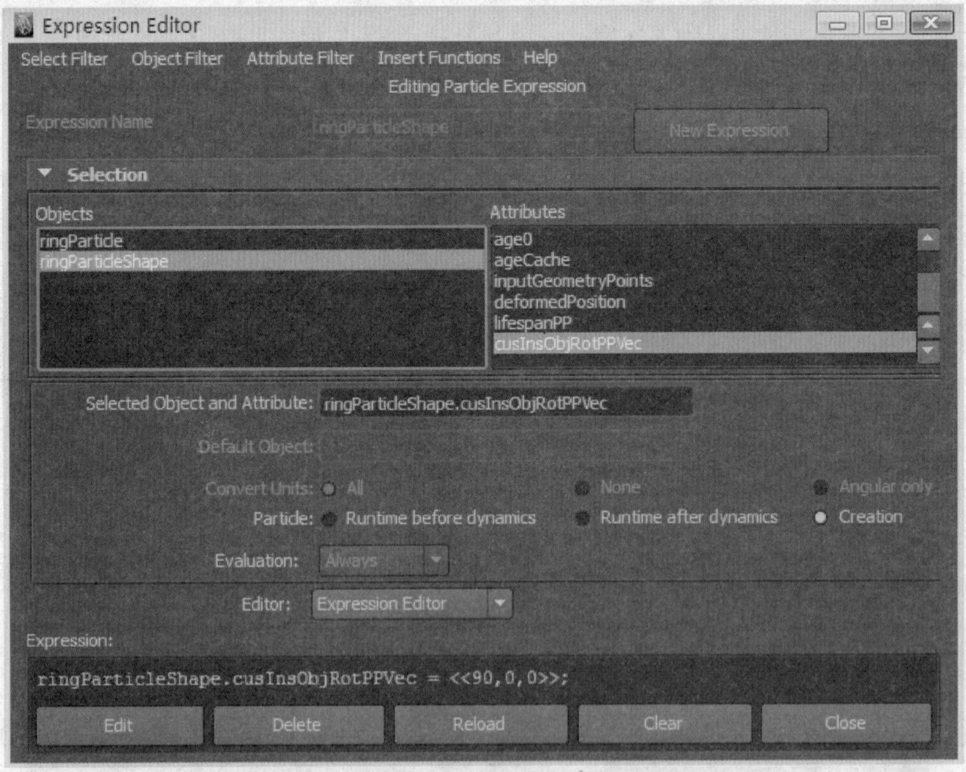

图 1-18

在表达式输入完毕后还不能立即起作用，需要在粒子的替换属性中进行相应的链接才可以，此时在粒子属性编辑器中的 Instancer 选项中找到 Rotation Options 卷展栏，将 Rptation 设置选项有 None 改为我们的新建属性 cusInsObjRotPPVec，设置过程如图 1－19 所示：

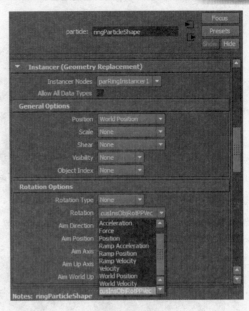

图 1－19

图 1－20

此时会发现场景中的替换物体会立刻翻转，场景显示效果如图 1－20 所示：

此时在渲染相机视图显示如图 1－21 所示：

渲染效果如图 1－22 所示：

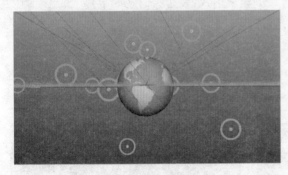

图 1－21

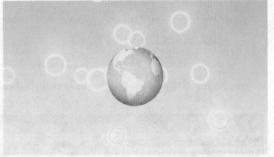

图 1－22

此时我们要实现圆环的替代变换。首先为粒子新建一每粒子浮点属性，命名为 cusInsObjIndexPP（具体创建过程略），然后为该表达式输入运行表达式（Runtime before dynamics）如下语句：

float $indexPP＝trunc(linstep(0,lifespanPP,age)＊15);
ringParticleShape.cusInsObjIndexPP＝$indexPP;

此语句中重在 linstep 函数的意义，linstep 函数的意义是在给定的两个定值之间通过一个变量的变化来线性生成 0 到 1 之间的浮点数，当变量小于最小定值时一直输出为 0，当变量大于最大定值时，维持输出 1；此处的 trunc 函数则是去除浮点数的小数，从而将其变为整数。表达式输入效果如图 1-23 所示：

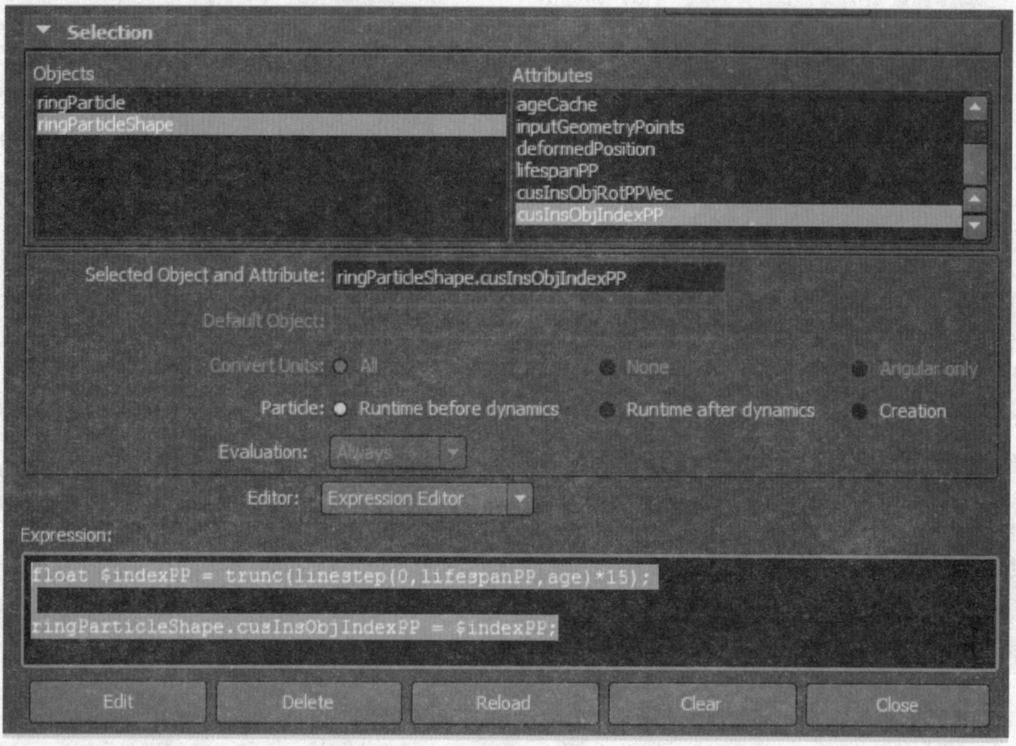

图 1-23

此时我们为粒子的生命值 lifespanPP 写入创建表达式，表达式语句如下：

ringParticleShape.lifespanPP=rand(4,8);

输入效果如图 1-24 所示：

此时可以通过修改粒子的渲染属性将其由 Sphere 修改为 Numeric，然后将 Attribute Name 中输入仙剑属性 cusInsObjIndexPP，设置过程如图 1-25 所示：

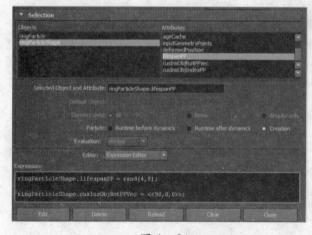

图 1-24

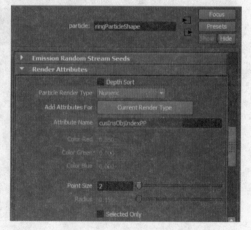

图 1-25

此时场景显示与渲染截图如图1-26所示：

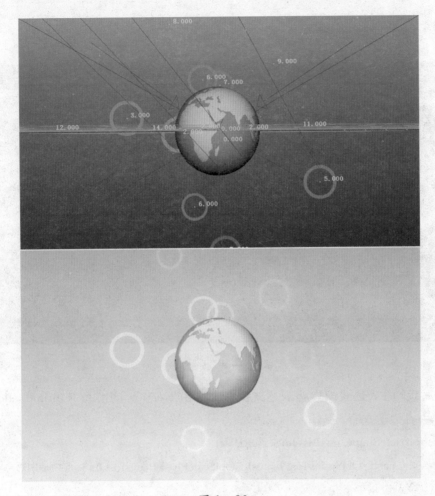

图1-26

此时我们需要圆环在逐渐消隐中变大，则需要在替换的缩放属性上进行表达式控制。首先为粒子添加两个每粒子属性，其一是cusInsObjScalePlusPP，为浮点属性，其二是cusInsObjScalePPVec，是矢量属性，新属性添加过程略，添加结果如图1-27所示：

然后为新建属性写入创建表达式，表达式语句如下：

ringParticleShape. cusInsObjScalePlusPP=rand(0.01,0.03);

float $scaleInitial=rand(1,1.2);

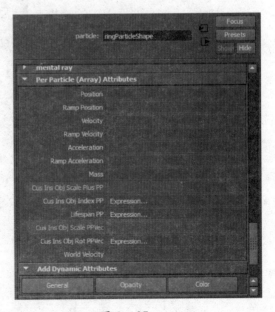

图1-27

ringParticleShape.cusInsObjScalePPVec=<<$scaleInitial,$scaleInitial,$scaleInitial>>;

表达式输入效果如图 1-28 所示：

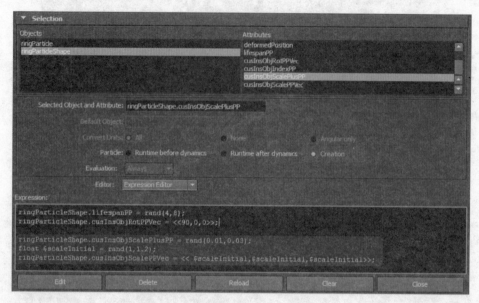

图 1-28

然后我们在表达式窗口将表达式执行方式由 creation 切换为 Runtime before dynamics，并在表达式输入区输入如下语句：

ringParticleShape.cusInsObjScalePPVec

+=<<cusInsObjScalePlusPP,cusInsObjScalePlusPP,cusInsObjScalePlusPP>>;

具体输入过程略，将关于为了对替换圆环进行缩放的表达式输入完毕后，还需要进行相应的链接控制，表达式才会起作用，在粒子属性编辑窗口的 Instancer（Geometry Replacement）卷展栏下将 Scale 的输入链接由 None 改为新建属性 cusInsObjScalePPVec，设置过程如图 1-29 所示：

此时播放场景，场景截图与渲染效果如图 1-30 所示：

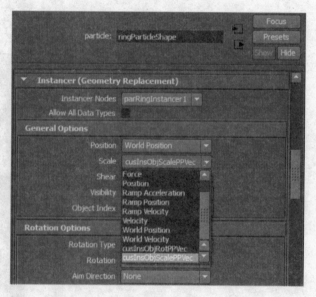

图 1-29

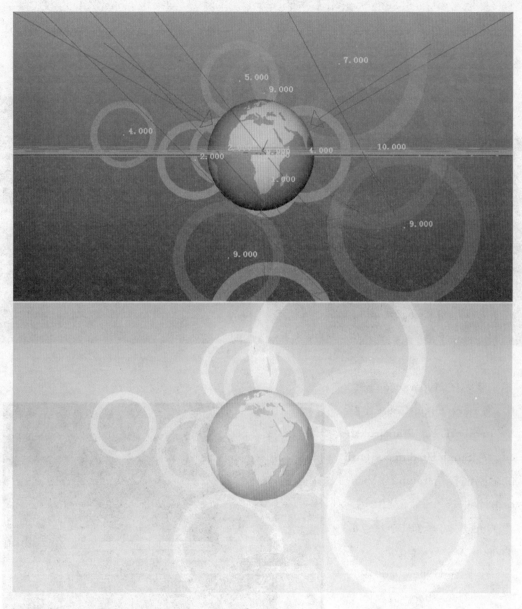

图1-30

　　此时基本的预期效果就实现了,读者可以尝试更复杂一些的效果,如在场景中是五颜六色的圆环在缩放,而不是单纯的一种圆环在替换;也可以将不透明的圆环的时间适当延长,而不是圆环一替换出来就开始消隐变化,具体的实现方法请读者自己思考,本处不再详述。接下来将用Mel实现15个圆环的自动逐渐透明变化的方法介绍给大家。

　　在实现自动透明变化中需要借助两个节点,一个是Maya的singleShadingSwitch(单元数值交换节点),一个是Maya的ramp节点,其中ramp节点要设置成黑白渐变模式,如图1-31所示：

然后将singleShadingSwitch节点的属性编辑器打开，并采用Copy Tab的方式复制出一个，这样该属性编辑器窗口就会一直停留在Maya的界面上，singleShadingSwitch1节点的属性编辑窗口如图1-32所示：

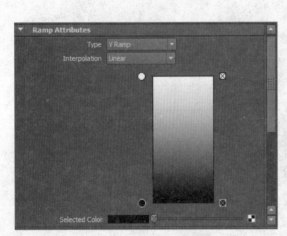

图1-31　　　　　　　　　　　图1-32

然后在Hypershade窗口中，将ramp的outColor链接给Lambert的Transparency，将SingleShadingSwitch1的输出链接给ramp的VCoord，此时15个圆环及相应节点的链接效果如图1-33所示：

然后在Hypershade中将15个圆环的shape节点依次选中，并点击SingleShadingSwitch1节点的Add Surfaces选项，则15个圆环模型的shape被添加到了SingleShadingSwitch1的In Shape端，初步效果如图1-34所示：

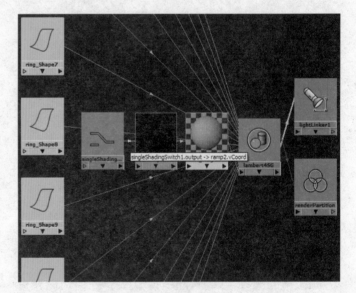

图1-33

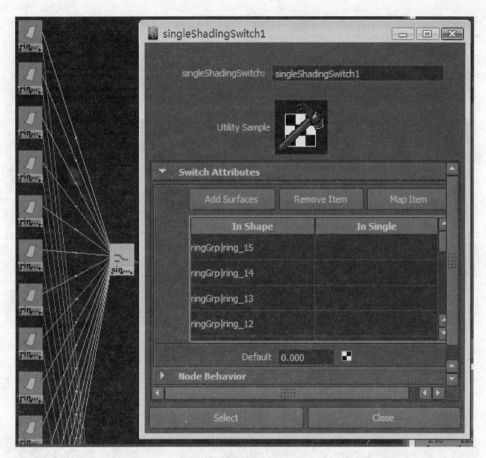

图 1-34

此时渲染场景效果如图 1-35 所示：

图 1-35

此时我们打开 Maya 的脚本编辑器，在脚本输入区输入如下语句：

for($i=0;$i<15;$i++)
{
float $value=($i/14.0);
setAttr("singleShadingSwitch1.input["+($i)+"].inSingle") $value;
}

脚本输入效果如图 1-36 所示：

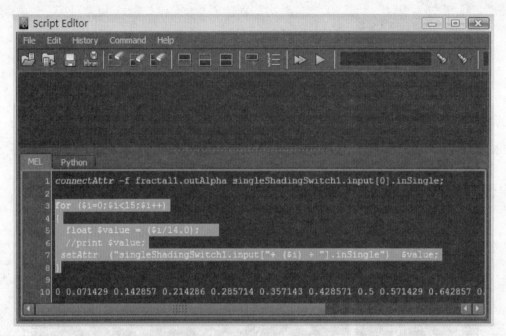

图 1-36

然后在保证 SingleShadingSwitch1 节点被选择的情况下，执行上面的脚本，此时在脚本上部反馈区会发生如图 1-37 所示的变化：

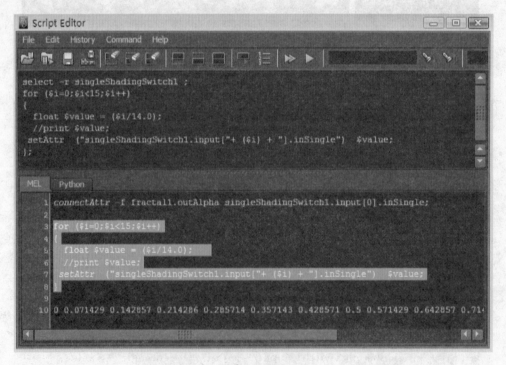

图 1-37

此时渲染场景效果如图1-38所示：

图1-38

这样圆环的透明渐变效果就做出来了,只是在本例中这样的圆环在粒子替换中效果消失,故在本章中使用了比较传统的方法。至于该Mel的详细含义限于本书的主旨不在此讨论,请读者参考相关的材料。

至此本章内容就介绍完毕,本章中一些基本的关于粒子属性的添加方法、表达式执行方式和写入方法请读者重点掌握,在后面章节中会频繁用到。

第2章 下落的字符

本章内容是模拟骇客帝国影片中下降的数字流效果,场景截屏效果与渲染效果分别如图2-1和图2-2所示:

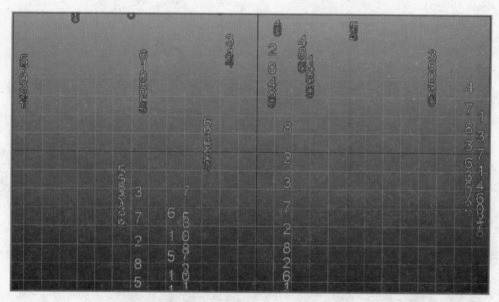

图2-1

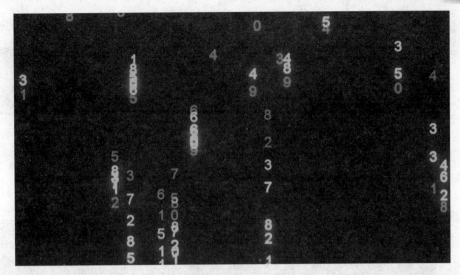

图 2-2

在制作之初进行场景模型与材质准备：首先在场景中准备一条 Nurbs 的曲线，它将被用来做粒子的发射器；然后为将来的粒子替换准备两套替换模型，基本效果如图 2-3 所示：

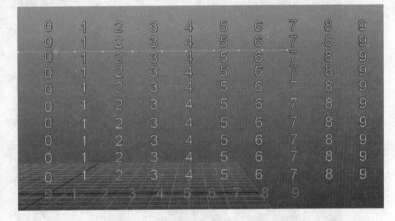

图 2-3

其中下面的红色字符是用来进行第一次粒子替换，其材质是简单的 Lambert 材质，开启了辉光属性，材质效果如图 2-4 所示：

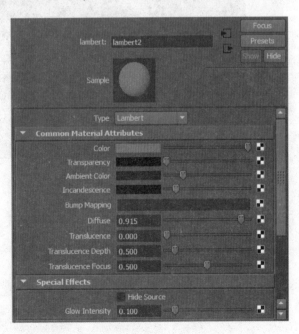

图 2-4

红色字符的渲染效果如图2-5所示：

图2-5

此时绿色字符的材质使用了透明渐变，方法在其他章节讲述，在此不再详述，绿色字符的材质节点显示效果如图2-6所示：

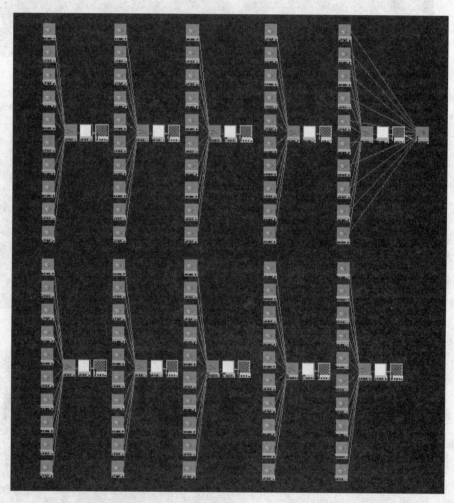

图2-6

绿色字符渲染效果如图2-7所示：

图 2-7

此时场景中要替换的模型都成组,此时各模型与组在 Hypergraphy：Hierarchy 显示效果如图 2-8 所示：

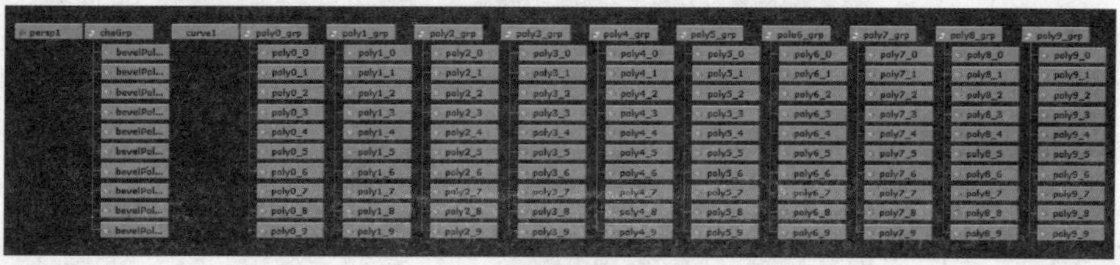

图 2-8

接下来我们开始动力学制作。首先选中曲线 Curve1,执行 Particles\Emit from Object,在弹出菜单中将发射类型 Omni 改为 Curve,将 Speed 设为 1,维持其余选项不变,发射器设置效果如图 2-9 所示：

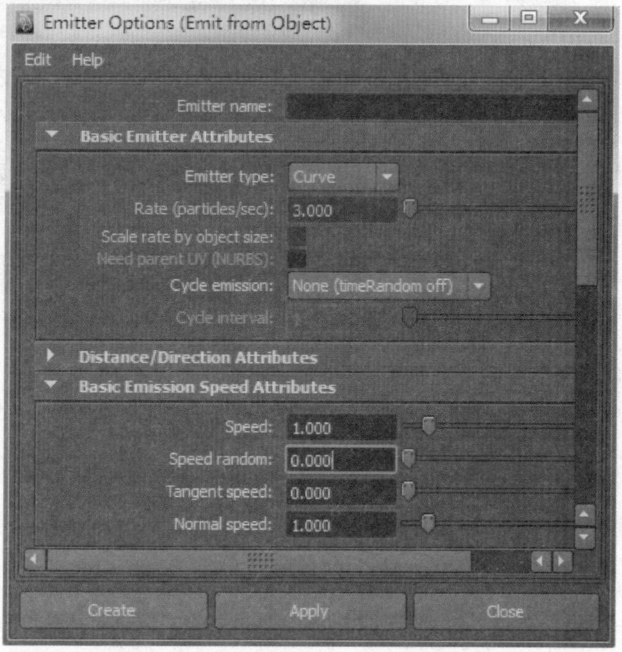

执行后在场景中选中粒子,将粒子渲染形态由 point 模式改为 Sphere,将 radius 由默认的 0.5 更改为 0.05,为粒子添加一每物体颜色属性,将颜色设为亮红色,设置效

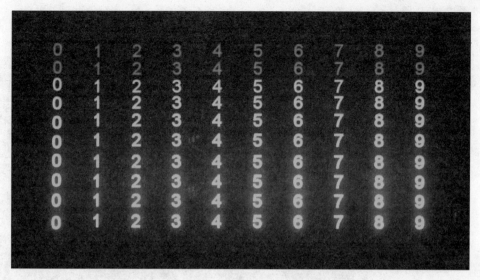

图 2-9

果如图2-10所示：

此时查看场景中粒子的发射状态如图2-11所示：

此时粒子在线的周围发散，我们需要控制一下粒子的生命值与速度，让粒子沿Y轴负方向发射并生存一段时间后消失。

首先选中粒子，将粒子属性中的Lifespan Mode由Live forever更改为lifespan PP only，然后在粒子的Per Particle（Array）Attributes编辑窗口中，右击Velocity属性进入表达式编辑窗口，在表达式窗口中将表达式执行方式设为Creation模式，然后在表达式输入区输入如下语句：

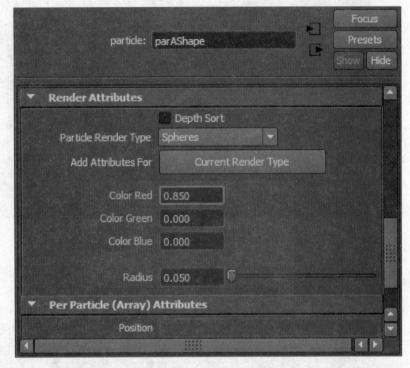

图2-10

图2-11

　　parAShape.lifespanPP = rand(5,9);
　　parAShape.velocity = <<0,rand(-1,-0.05),0>>;
　　此时表达式输入效果如图2-12所示：

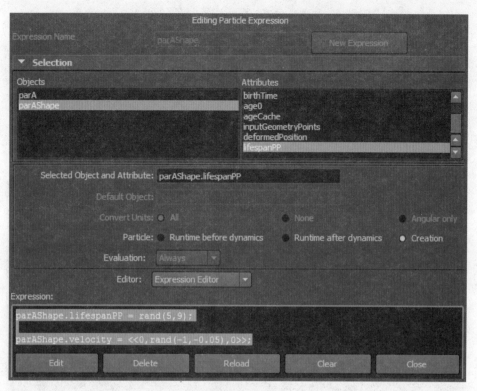

图 2-12

此时执行表达式后,粒子播放效果如图 2-13 所示:

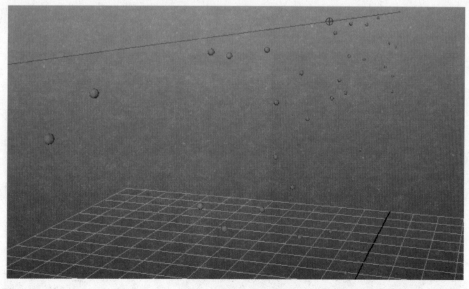

图 2-13

此时粒子的下行态势是匀速的,因此我们需要使其加速,此时可以利用重力场实现,但也可以通过表达式实现,在本例中我们使用表达式来实现。

首先为粒子添加一的每粒子矢量属性,属性名称为 cusVelocityPlusPPVec,我们首先为该属性在粒子诞生之初就赋值,然后让粒子运行中的每帧都加上该值,则该值所起的效果就是加速度的作用。关于该属性的创建过程略,为该值写入创建表达式,表达式语句如下:

parAShape.cusVelocityPlusPPVec =<<0,rand(-0.05,-0.01),0>>;

表达式输入效果如图 2-14 所示:

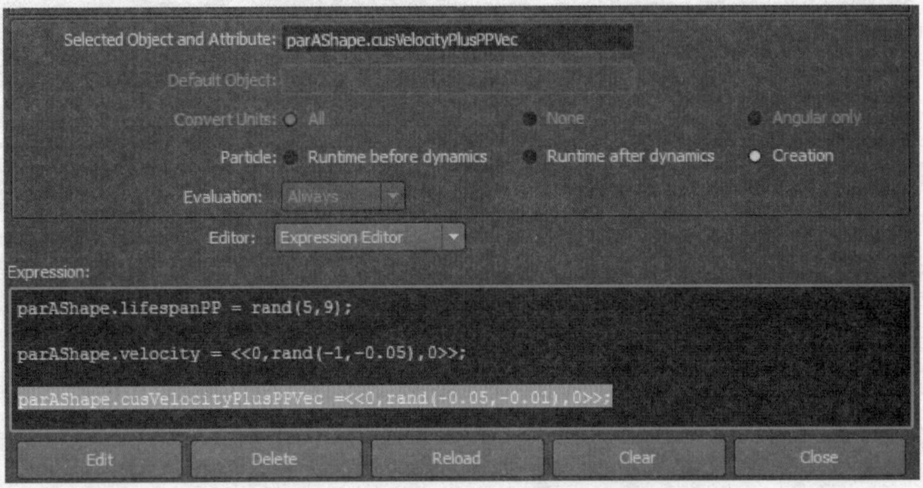

图 2-14

然后在表达式窗口中将执行方式由 Creation 改为 Runtime before dynamics,为粒子的 velocity 属性输入如下语句:

parAShape.velocity += parAShape.cusVelocityPlusPPVec;

此时表达式输入效果如图 2-15 所示:

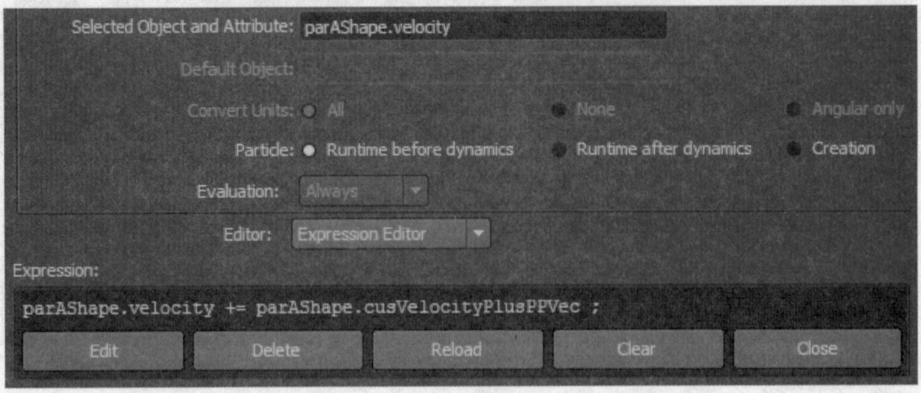

图 2-15

此时播放场景会发现粒子有加速下滑的态势,基本达到我们想要的效果。接下来我们为 parA 粒子执行替代,顺序选中场景中的被赋予红色材质的 0 至 9 的 10 个字符模型,执行 Particle\Instancer(Replacement),在弹出窗口维持默认选项即可,设置效果如图 2－16 所示:

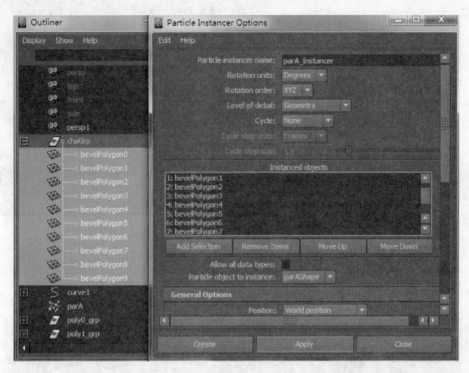

图 2－16

此时场景中的粒子的替换形态如图 2－17 所示:

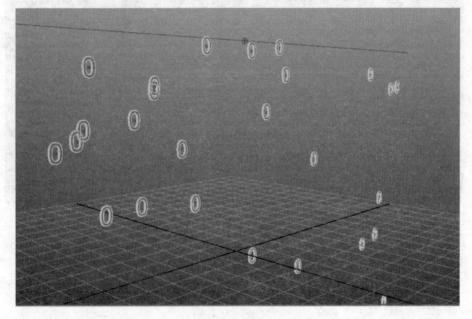

图 2－17

此时需要将粒子的替换形态在 0 到 9 的 10 个字符中随机起来，需要为粒子的替换属性进行表达式控制，首先为粒子新建一每粒子浮点属性，名称为 cusInsObjIndexPP，然后为该属性写入创建表达式，表达式语句如下：

parAShape. cusInsObjIndexPP
＝trunc(rand(0,9.9));

具体输入过程略，然后我们在粒子属性的 Instancer（Geometry Replacemnet）卷展栏中将属性 Object Index 由 None 控制改为新建属性 cusInsObjIndexPP，执行效果过程如图 2-18 所示：

此时重新播放场景如图 2-19 所示：

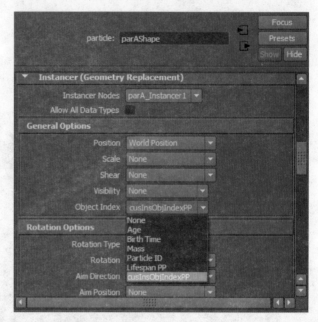

图 2-18

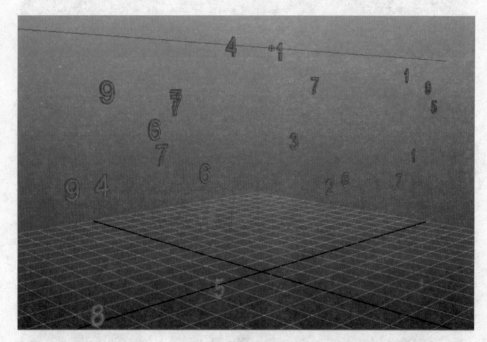

图 2-19

此时如果我们想使粒子替换状态改为每帧都随机替换，只需将"parAShape. cusInsObjIndexPP ＝ trunc(rand(0,9.9));"在表达式的运行模式再写一遍即可，但在此处也可以让粒子替换更顺序一些，如将表达式写成：

// parAShape.cusInsObjIndexPP = trunc(rand(0,9.9));

parAShape.cusInsObjIndexPP +=1;

parAShape.cusInsObjIndexPP = parAShape.cusInsObjIndexPP%10;

具体输入过程效果如图2-20所示：

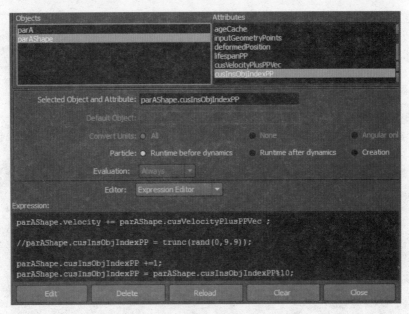

图2-20

上述表达式中，符号"//"表示注解，意指该行表达式不执行，后面两行则表示先将属性cusInsObjIndexPP每帧都做加1计算，然后结果和10整除后取余，并将取余的值重新赋给自己。

此时场景如果手动逐帧播放，则会发现字符逐次向前替换，到9之后又重新从0开始，播放效果如图2-21所示：

图2-21

接下来我们实现红色字符的绿色拖尾字符效果。首先要将场景中的粒子作为发射器来发射粒子，选中 parA 粒子，执行 Particles\Emit from Object，在弹出选项中将 Emitter type 改为 Omni，将 Rate 暂时设为 3，因为该值我们会在后面进行单粒子属性控制；将 Speed 改为 0，设置效果如图 2-22 所示：

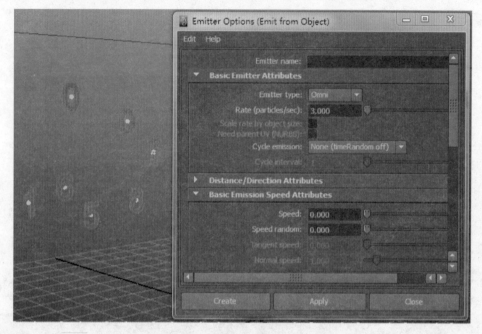

图 2-22

执行后我们在大纲视图中选中新产生的 particle1 粒子，将其改名为 parB，然后将其渲染形态设为 Sphere，将 Radius 设为 0.065，并为其添加一每物体颜色属性，将 Color Green 设为 0.85，设置效果如图 2-23 所示：

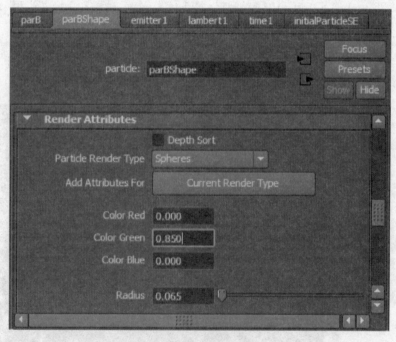

图 2-23

此时播放场景效果如图 2-24 所示：

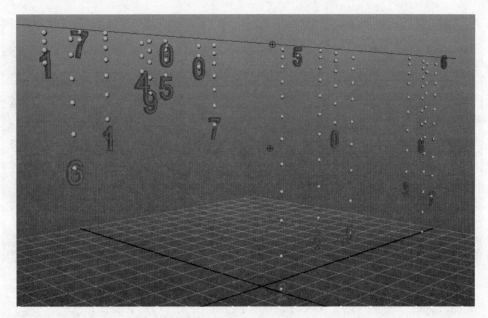

图 2-24

在粒子下降中维持自身出生的初始位置不动，我们可以通过调整粒子的 Inherit Factor 属性，将其由原来的 0 改为 0.65，此时播放场景如图 2-25 所示：

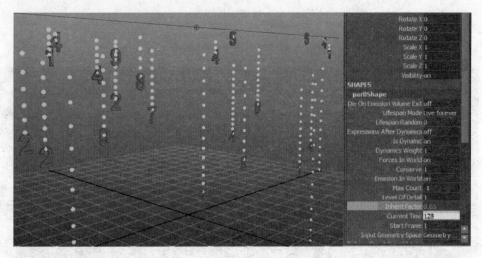

图 2-25

此时粒子一直存在场景中，我们对其生命值进行控制，比如可以使用表达式，如"parBShape.lifespanPP = 4;"，此处我们并没有利用随机值来控制生命值，是因为我们想让粒子按照出生的顺序逐次消失，具体输入过程略。

此时我们要对 parA 粒子实行每粒子发射率的控制。方法是首先选择 parA 粒子，然后执行 Particles\Per-Point Emission Rates，此时在 parA 粒子的 Per Particle(Array) Attributes 卷展栏中出现一新属性 Emitter1RatePP，执行过程及结果如图 2-26 所示：

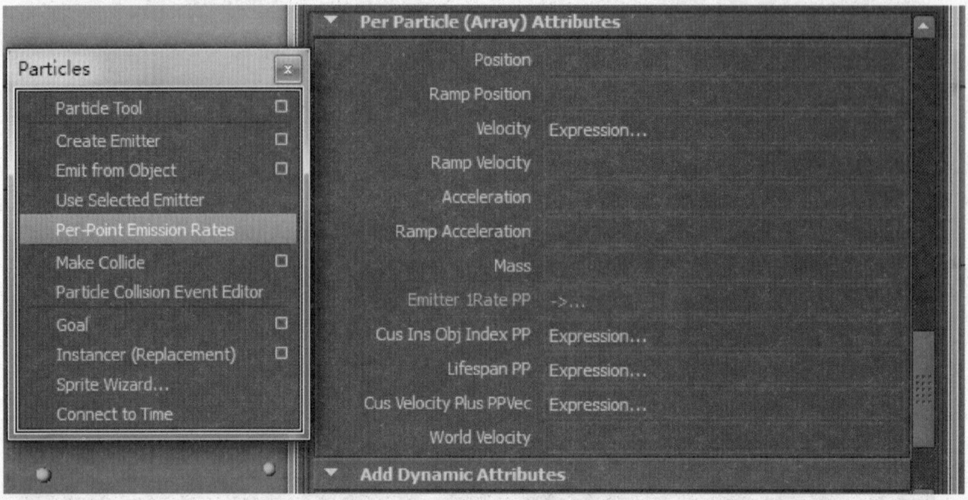

图 2-26

这样我们可以为该发射率执行表达式控制，可以将 parA 的速度和发射率做一合适的关联，这样速度快的粒子发射率大，而速度小的粒子发射率小。

我们为粒子 parA 的 emitter1RatePP 写入创建表达式，表达式语句如下：

float $ speedInitial = mag(velocity);

parAShape.emitter1RatePP = ($ speedInitial+1.5);

表达式输入效果如图 2-27 所示：

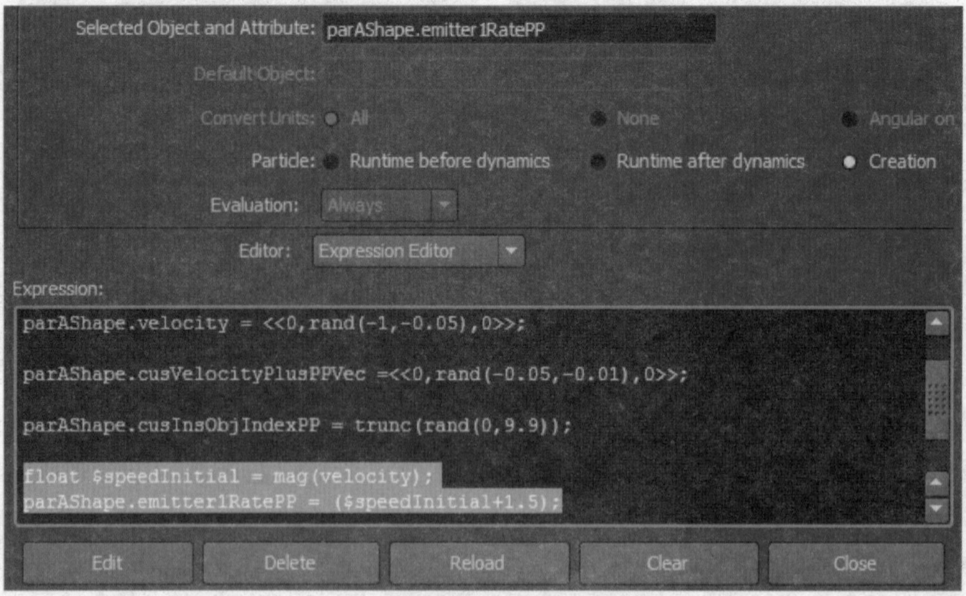

图 2-27

此时场景播放效果如图2-28所示:

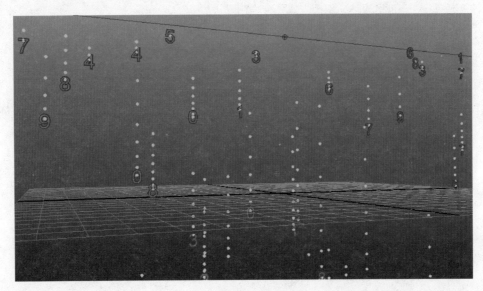

图2-28

此时我们要为parB粒子执行粒子替换操作,替换中对于我们准备的100个绿色字符的选择顺序很重要。在操作上我们可以先选择poly0_0至poly0_9的模型物体线执行替换,然后在粒子替换节点产生后,在依次选择后续要替代的模型逐一往里添加,具体过程略,此时要注意查看场景中新产生的粒子替换节点中的模型物体排放顺序,如图2-29所示:

此时播放场景观察效果如图2-30所示:

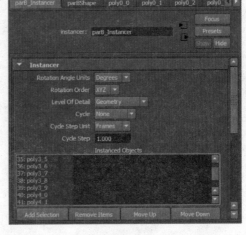

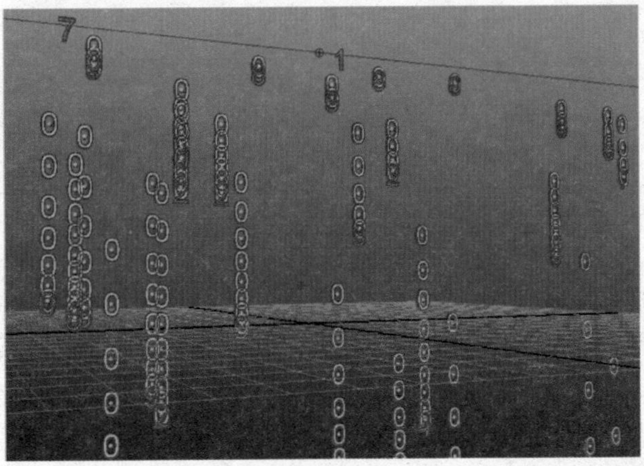

图2-29

此时替换字符中只有0字符被替换,而这不是我们想要的结果,我们0至9字符会被替代,并且会逐渐消失,此时需要进行表达式控制。

图2-30

首先为parB粒子新创建一属性,名称为cusInsObjIndexPP,具体过程略,然后我们为该属性写入一创建表达式,表达式语句如下:

```
int $IndPP = ( id%10 );
switch( $IndPP )
{
case 0:
parBShape.cusInsObjIndexPP = 0;
break;
case 1:
parBShape.cusInsObjIndexPP = 10;
break;
case 2:
parBShape.cusInsObjIndexPP = 20;
break;
case 3:
parBShape.cusInsObjIndexPP = 30;
break;
case 4:
parBShape.cusInsObjIndexPP = 40;
break;
case 5:
parBShape.cusInsObjIndexPP = 50;
break;
case 6:
parBShape.cusInsObjIndexPP = 60;
break;
case 7:
parBShape.cusInsObjIndexPP = 70;
break;
case 8:
parBShape.cusInsObjIndexPP = 80;
break;
case 9:
parBShape.cusInsObjIndexPP = 90;
break;
default:
```

```
parBShape.cusInsObjIndexPP = 0;
break;
}
```

在上述表达式中我们使用了 Switch 交换语句,语句的执行思路如下:由于我们使用 100 个字符来替换,其中 0、1、2、3、4、5、6、7、8、9 序列字符中第一个是完全不透明的,它也应该是在替代中首先被出现的,而它们在替换序列中的 index 则分别是 0、10、20、30、40、50、60、70、80、90,这样我们可以通过粒子的 id 和 10 整除取余,这样就得到了 0 至 9 的整数,然后根据结果手动设定粒子替换的 index 值,表达式输入效果如图 2-31 所示:

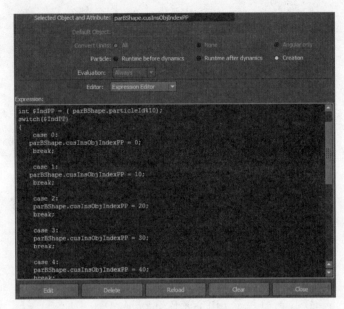

图 2-31

表达式完成后,我们还需要回到 parB 粒子的 Instancer 属性中,将 Object Index 输入链接由原来的 None 改为 cusInsObjIndexPP,此时播放场景效果如图 2-32 所示:

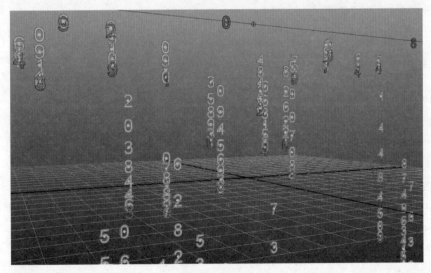

图 2-32

接下来我们要实现绿色字符的渐隐消失效果,为粒子的 cusInsObjIndexPP 写入运行表达式,表达式语句如下:

```
int $IndRbPP = (parBShape.particleId%10);
switch( $IndRbPP)
{
case 0:
parBShape.cusInsObjIndexPP = trunc(linstep(parBShape.lifespanPP * 0.2,parBShape.lifespanPP,parBShape.age) * 10);
break;
case 1:
parBShape.cusInsObjIndexPP = (trunc(linstep(parBShape.lifespanPP * 0.2,parBShape.lifespanPP,parBShape.age) * 10)+10);
break;
case 2:
parBShape.cusInsObjIndexPP = (trunc(linstep(parBShape.lifespanPP * 0.2,parBShape.lifespanPP,parBShape.age) * 10)+20);
break;
case 3:
parBShape.cusInsObjIndexPP = (trunc(linstep(parBShape.lifespanPP * 0.2,parBShape.lifespanPP,parBShape.age) * 10)+30);
break;
case 4:
parBShape.cusInsObjIndexPP = (trunc(linstep(parBShape.lifespanPP * 0.2,parBShape.lifespanPP,parBShape.age) * 10)+40);
break;
case 5:
parBShape.cusInsObjIndexPP = (trunc(linstep(parBShape.lifespanPP * 0.2,parBShape.lifespanPP,parBShape.age) * 10)+50);
break;
case 6:
parBShape.cusInsObjIndexPP = (trunc(linstep(parBShape.lifespanPP * 0.2,parBShape.lifespanPP,parBShape.age) * 10)+60);
break;
case 7:
parBShape.cusInsObjIndexPP = (trunc(linstep(parBShape.lifespanPP * 0.2,parBShape.lifespanPP,parBShape.age) * 10)+70);
break;
case 8:
parBShape.cusInsObjIndexPP = (trunc(linstep(parBShape.lifespanPP * 0.2,parBShape.lifespanPP,parBShape.age) * 10)+80);
break;
```

```
case 9:
parBShape.cusInsObjIndexPP = (trunc(linstep(parBShape.lifespanPP * 0.2,
parBShape.lifespanPP,parBShape.age) * 10)+90);
break;
default:
break;
}
```

上述表达式中重在理解 linstep 函数在其中所起的作用，这样我们就可以实现每一个被替换字符的逐渐消隐的变化，表达式输入效果如图 2-33 所示。

此时在播放场景中没有什么变化，如图 2-34 所示。

渲染场景如图 2-35 所示：

至此本例就讲解完毕了，本例中重在 Switch 语句的使用，利用 Switch 语句可以让我们在替代中更好地控制替换物体序列与种类，该方法可以在上一章中制作五彩圆环，在此不再详述。

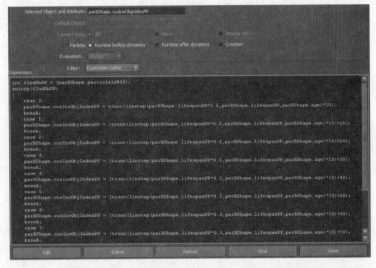

图 2-33

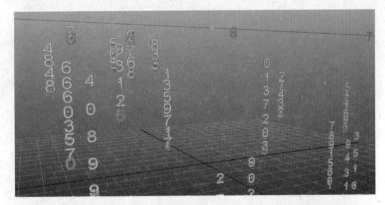

图 2-34

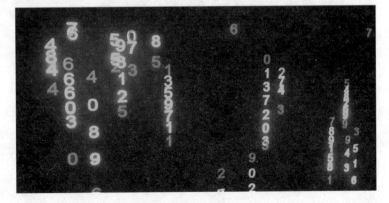

图 2-35

第3章 射 箭

本章我们讲述一下在三维动画制作中较简易的万箭齐发的动画,在制作中主要是对粒子的运动状态进行控制,图3-1与图3-2是我们将要完成的效果渲染截图与场景截图:

图3-1

图 3-2

在制作动画之前需要先进行一下场景的准备,在场景中需首先准备一粒子发射器平面,此处使用的是 polygon 平面,基本参数与摆放效果如图 3-3 所示:

图 3-3

在摆放时注意向上有一倾斜角度,这样会方便粒子的弧线运动,然后在场景中准备一只箭,箭的高度段数上要保证,这样会方便将来做弯曲动画。同时由于箭会被用来做粒子替代,因此其在位于坐标原点处是应该实行 Freeze Transformations,效果如图 3-4 所示:

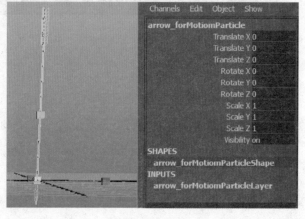

图 3-4

由于箭将来会被射到地面上，因此在场景中还需准备一地面，此地面使用 Nurbs 平面并利用雕刻工具进行造型修整，具体过程略，效果如图 3-5 所示：

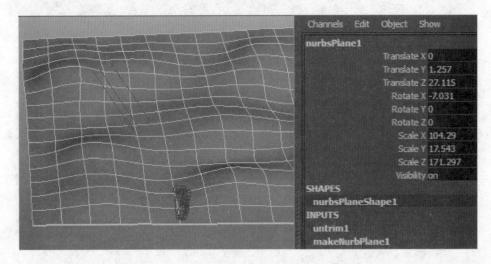

图 3-5

三物体在场景中的摆放效果如图 3-6 所示：

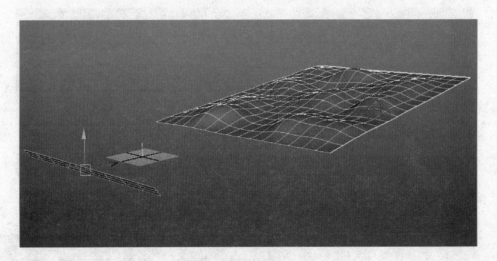

图 3-6

接下来进行动力学制作，首先选中场景中的 polygon 平面物体，执行 particle\Emit from Object，在弹出选项中的 Emitter name 中输入 motArrowParticleEmitter，将 Emitter type 设为 Surface，将 Speed 设为 43，将 Speed random 设为 17，设置过程如图 3-7 所示：

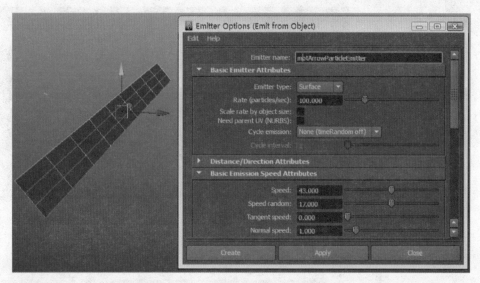

图 3-7

此时将场景播放状态设为 Play every frame,并将时间滑条调整到 300 帧,然后播放场景,在大纲视图中选择粒子并将粒子渲染状态设为球型,此时场景播放效果如图 3-8 所示:

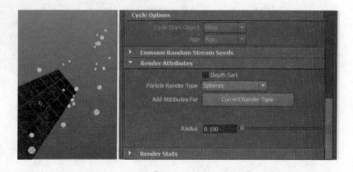

图 3-8

此时发射器一直在发射粒子,我们可以在发射器的 rate 属性上做关键帧动画,这样就可以手动控制场景中的粒子数量,具体过程略,发射器的动画曲线如图 3-9 所示:

图 3-9

此时粒子会沿着垂直平面的方向一直运行，可以通过为其添加重力场的方式让其下落，选中粒子，执行 Fields\Gravity，过程略，此时粒子运动状态如图 3-10 所示：

图 3-10

此时粒子和平面发生穿插，是由于粒子和平面之间没有设定碰撞关系，选中我们创建的 Nurbs 平面，执行 Particles\Make collide，在弹出的选项中将 Resilience 设为 0，将 Friction 设为 1，过程如图 3-11 所示：

图 3-11

此时播放场景会发现粒子与地面之间依然没有碰撞，需要在动力学关系连接器中进行链接，方法是选中粒子，执行 window\Dynamic Relationships，在弹出的设置窗口中在右侧模式中设为 Collisions，并选择我们的地面物体 nurbsPlaneShape1，过程如图 3-12 所示：

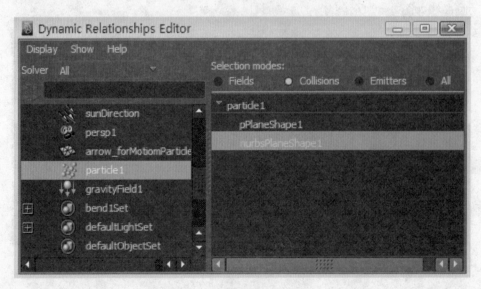

图 3-12

此时播放场景，粒子可以说是基本上停留在地面之上，但是会有滑动，效果如 3 - 13 所示：

图 3 - 13

滑动问题我们稍后解决，在此我们先进行粒子替换，以便实现射箭的初步效果，选中粒子执行 Instancr(Replacemrnt)，在弹出选项中在 Particle Instancer name 中输入 motParticleInstancer，其余选项维持不变即可，设置效果如图 3 - 14 所示：

此时播放场景，动画效果如图 3 - 15 所示：

在动画播放上箭的运动形态是错误的，需要进行调整。在粒子属性的替代卷展栏中 Rotaion Options 有 Rotation、AimDirection 和 AimPosition 三个选项可以使用，在三个粒子替代旋转属性中，Maya 会优先选择三个属性中的前一个执行，比如：如果你对 Rotation、AimDirection 和 AimPosition 对进行了输入控制，则 Maya 会只执行对 Ratation 选项的控制；如果你对 AimDirection 和 AimPosition 两个选项进行了输入控制，则 Maya 只会

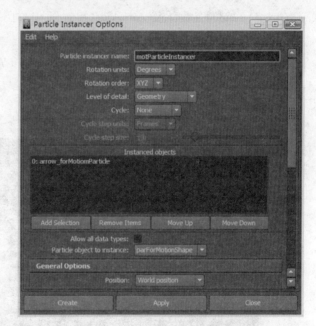

图 3 - 14

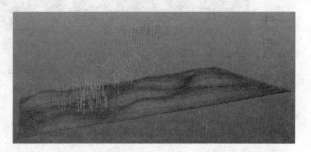

图 3 - 15

执行对 AimDirection 选项的控制。三个控制选项在结合 AimAiis 和 AimUpAxis 轴向控制，就可以完成对物体的旋转控制了。关于 Rotation Options 中个选项的意义请读者参考 Maya 的官方帮助，在此不再详细阐述。

选中粒子在粒子的 Instancer（GeometryRepalcement）选项的 Rotations 卷展栏中将 AimDirection 由 None 改为 Velocity，其目的是让替代物体的目标方向时刻保持和粒子速度方向一致，此时会发现替代物体已由笔直状态改变为时刻和粒子速度保持一致，但是此时的问题是箭头朝向不对，设置过程及效果如图 3-16 所示：

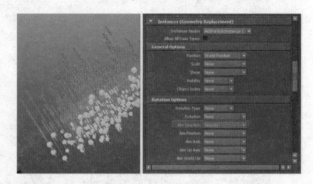

图 3-16

此时的问题是物体的 AimAxis(目标轴)指向不对所造成，选中原始物体箭头，执行 Display\Transform Display\Local Rotation Axes，这样箭物体的局部旋转轴就显示在视图中，其是在默认情况下，物体的局部旋转轴和世界坐标系的轴向指向一致，但是读者需要搞明白两者是不同的两个概念，箭物体的局部旋转轴和世界坐标系轴向指示如图 3-17 所示：

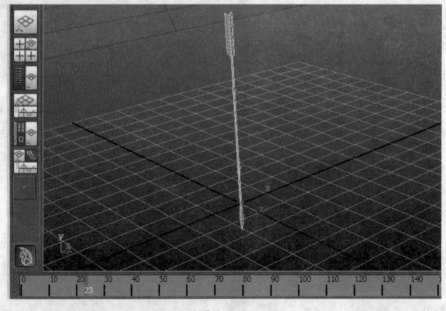

图 3-17

此时我们可以利用表达式将替代物体的 AimAxis 设为原物体的负 Y 轴即可，首先为粒子添加属性，方法是选中粒子，点击粒子属性中 Add Dynamic Attributes 卷展栏中的 General 按钮，在弹出的 Add Attribute 对话框中，在 Long name 中输入 cusInsObjAimAxisPPVec,将 Data Type 设为 Vector,将 Attribute Type 设为 Per particle,设置过程如图 3－18 所示:

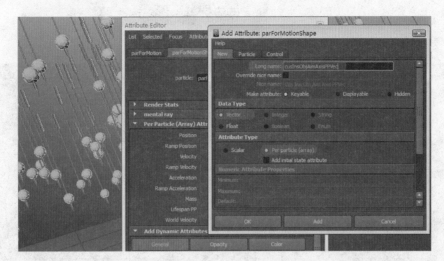

图 3－18

执行后该属性会被添加到粒子的 PerPartciel(Array)Attibutes 中,在添加的属性上右击鼠标,在弹出的对话框中执行 Creation Expressions... 选项,然后在弹出的创建表达式对话框中输入如下语句:

parForMotionShape.cusInsObjAimAxisPPVec = <<0,-1,0>>;

表达式输入效果如图 3－19 所示:

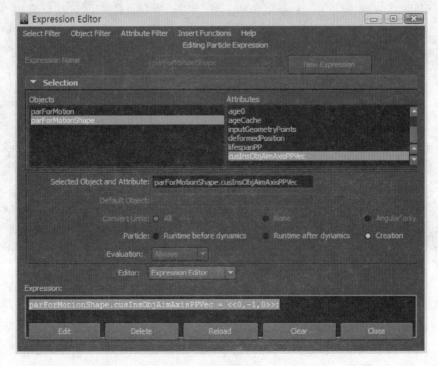

图 3－19

该属性还需要进行相应链接才会起作用。回到粒子的 Instancer(Geometry Repalcement)卷展栏中的 Rotation Options 选项,将其下额 Aim Axis 由 None 改为我们自建属性 cusInsObjAimAxisPPVec,此时粒子的方向就会发生立刻调整,设置过程与效果如图 3-20 所示:

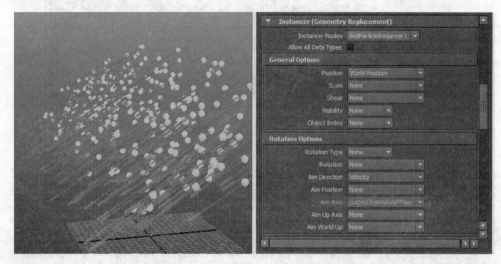

图 3-20

此时在运动中替换物体的形态是合适的,但是在粒子和地面发生碰撞之后,箭又会直立起来并且还会发生滑动,效果如图 3-21 所示:

图 3-21

这种情况可以用两种方法来解决。第一种解决方法的思路是在合适的时间点为粒子的 position 和 Aim Direction 设置合适的数值,并永久设为该值;另一种方法则是采用碰撞事件的方法来解决该问题,并且可以实现更加自然的箭头射中地面后箭尾摆动的效果。我们先阐述第一种方法。

此时先解决粒子的滑动问题。这需要我们将粒子的位置变化值存储在一个变量中，然后在合适的时候再把它赋予给粒子的 position 属性。首先为粒子新增加一属性，新增属性命名为 cusInsObjPosPPVec，具体过程略。在粒子的 Velocity 属性上右击鼠标，在弹出的菜单中执行 Runtime After Dynamics Expression...，在弹出的表达式输入框中输入如下语句：

float $ speedPP = mag(parForMotionShape. velocity)；

if($ speedPP < 0.5)

{

parForMotionShape. velocity = <<0,0,0>>；

}

上述表达式的含义是先将粒子速度取模(mag 函数)，然后当粒子速度的模小于一定值时(这里是 0.5)，就直接将粒子速度设为向量<<0,0,0>>，表达式输入过程如图 3-22 所示：

然后还是在表达式编辑窗口，将表达式执行方式设为 Runtime before dynamics，在表达式输入窗口输入如下语句：

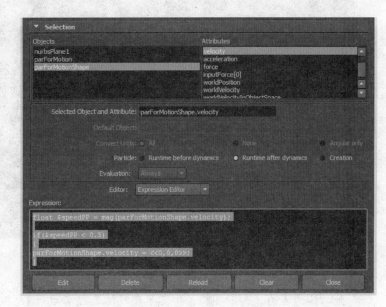

图 3-22

float $ magVelocityPP = mag(parForMotionShape. velocity)；

if ($ magVelocityPP ! = 0)

{

parForMotionShape. cusInsObjPosPPVec = parForMotionShape. position；

}

else

{

parForMotionShape. position = parForMotionShape. cusInsObjPosPPVec；

}

表达式输入效果如图 3-23 所示：

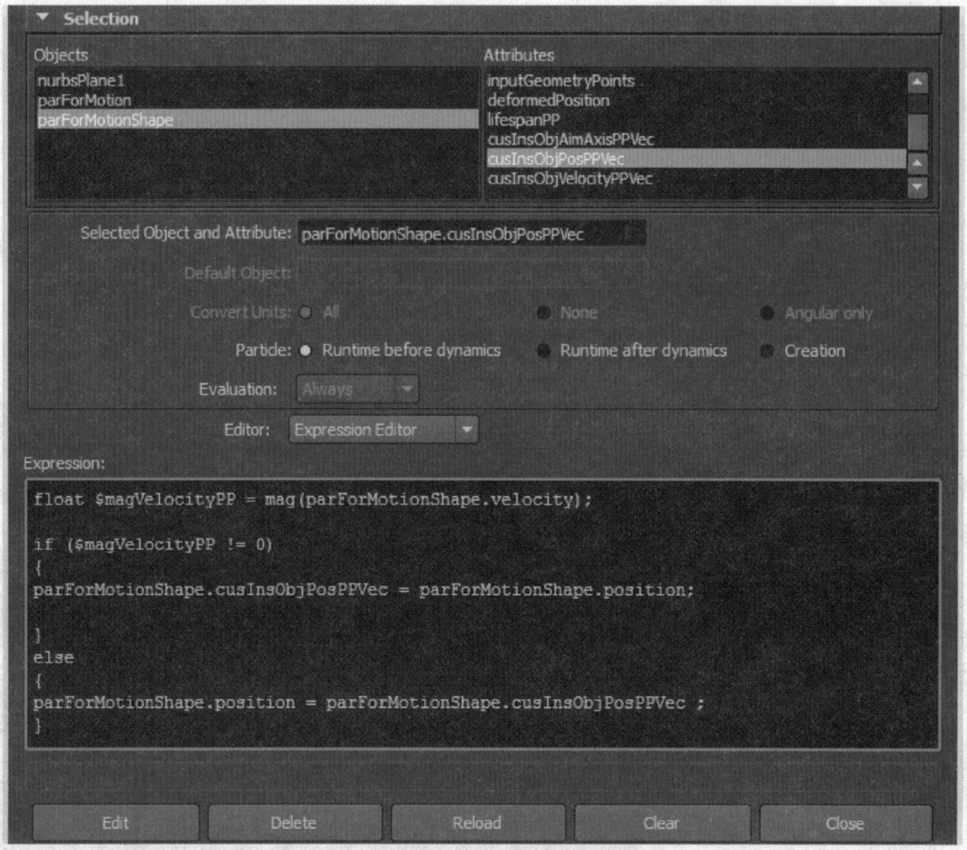

图 3-23

此时执行表达式会发现粒子虽然不在物体表面滑动,但是粒子在和地面碰撞后的方向指向发生了问题,变成了垂直向上,这是由于粒子速度被我们手动设为<<0,0,0>>所造成的。此时我们还需要将粒子速度不为<<0,0,0>>时的矢量做一存储,然后将该值永远赋给粒子的 AimDirection 属性。

首先还是为粒子添加新属性,属性名为 cusInsObjVelocityPPVec,添加过程略。然后为该属性进行表达式控制,表达式语句如下:

parForMotionShape. cusInsObjVelocityPPVec = velocity;

该语句写在语句"parForMotionShape. cusInsObjPosPPVec = position;"的下方,位置如图 3-24 所示:

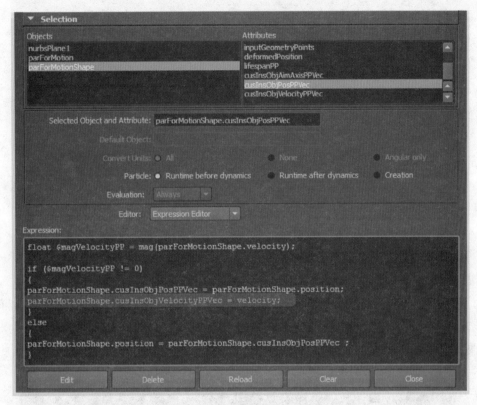

图 3-24

此时粒子替换的垂直状态还没有得到解决,需要将该属性链接到粒子的 AimDirection 上才能得到解决,设置过程及效果如图 3-25 所示:

图 3-25

此时场景动画效果基本满意，但是仔细观察会发现所有箭在地面上的形态过于单一，如图3-26所示：

图3-26

接下来我们使用另外一种方法解决粒子落地后的滑动与朝向问题，并且还要实现落地箭只的抖动问题。我们将现有场景先保存，然后以新文件名重新保存。

之后我们删除有关我们为解决箭只落地朝向与滑动问题所写入的一切表达式，而只保留为修改箭头朝向的 cusInsOBJAimAxisPPVec 表达式，粒子表达式删除前后的对比效果如图3-27所示：

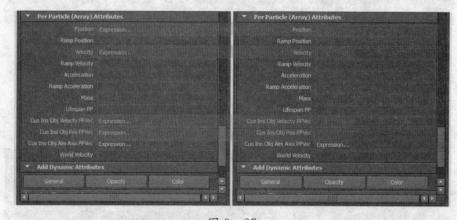

图3-27

此时也可以将粒子的额外新建属性删除，效果如图3-28所示：

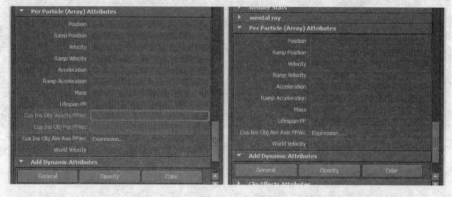

图3-28

此时场景中的替换箭只又直立于地面并且滑动,如图 3-29 所示:

图 3-29

此时我们用碰撞事件来解决该问题。选择粒子 parForMotion,执行 Particle\Particle Collision Event Editor,在弹出的对话框中设置如图 3-30 所示:

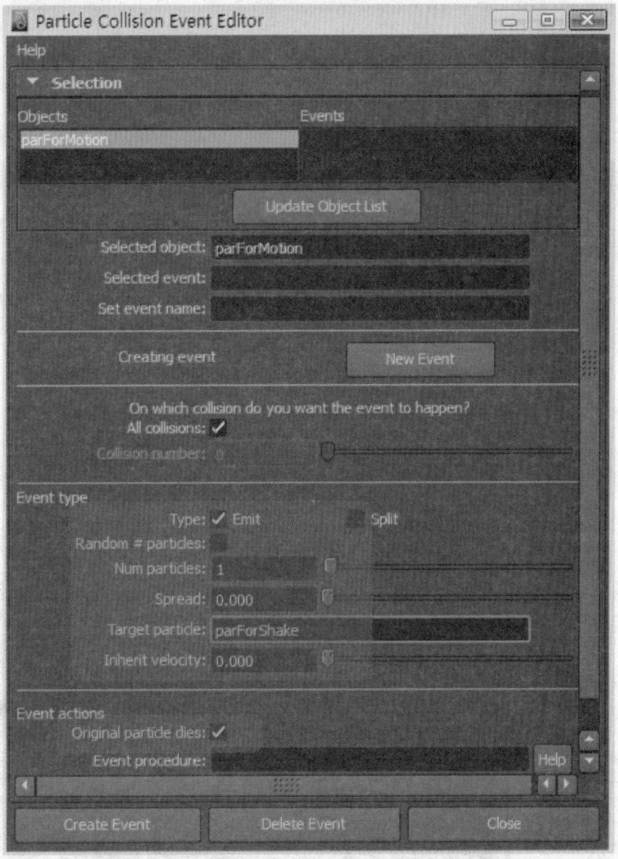

在图 3-30 中,我们将碰撞事件中新粒子的生成类型设为 Emit,生成粒子数量 Num Particles 设为 1,新生成的粒子的扩散范围 Spread 设为 0,新生成粒子的名称 Target particle 输入 parForShake,新生成粒子对原粒子的速度继承 Inherit Velocity 设为 0。在碰撞行为中将原粒子死亡 Original particle dies 勾选,设置完成后点击 Create Event,则在场景中创建了依次碰撞事件,并随之产生了新粒子物体 parForShake。此时重新播放场景直到碰撞事件发生,效果如图 3-31 所示:

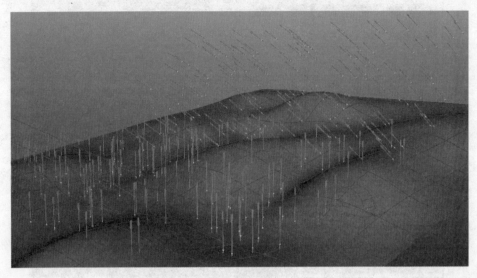

图 3-30

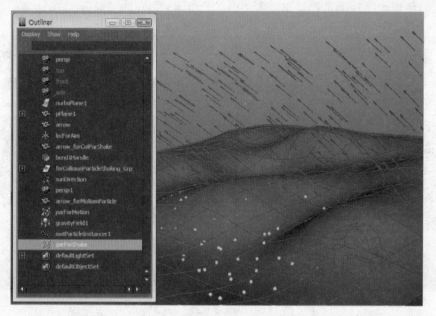

图 3-31

在图3-31所示中会发现 parForMotion 粒子碰撞后死亡,新产生了粒子物体 parForShake,同时替代物体也随着 parForMotion 粒子死亡而消失,此时我们在场景中执行新的粒子替换来达到箭只射到地面的效果。

首先将箭头物体新复制一个,命名为 arrow_forColParShake,然后选中新复制的箭只,执行 Particles\Instancer(Replacement),在弹出的对话框中在 Particle instancer name 中输入 shakeParticleInstancer,在 Particle object to instance 中选择碰撞事件中新生成的粒子形体 parForShakeShape,其余参数维持不变,然后执行 Carete,设置效果如图3-32所示:

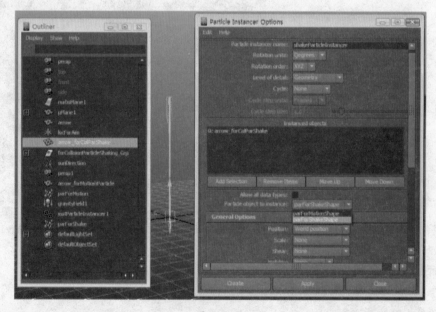

图 3-32

此时播放场景会发现替换箭只插在地面上，效果和原来的一样，并且此时该箭只没有任何滑动，这是由于重力场没有和其进行关联，而此时我们也不需要这种关联。其效果如图 3-33 所示：

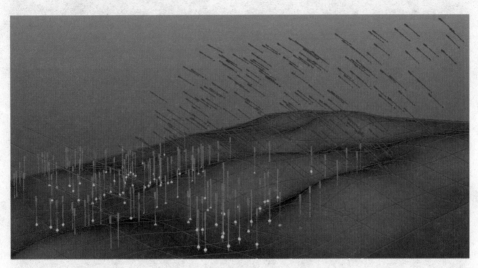

图 3-33

接下来要解决箭的方向由垂直状态变为和原速度方向相近的状态。这里我们利用粒子替换旋转属性中的 AimPosition 来解决，AimPosition 属性定义了替换物体相对于自身方向的朝向指向，我们可以在场景中新建一 locator，通过移动 locator 的位置来改变替换箭头的朝向。

首先为 parForShakeShape 新建一个粒子矢量属性，命名为 cusInsObjAimPosPPVec，具体过程略，然后在场景中新建一 locator，方法是执行 Create\locator，并将新建的 locator1 命名为 locA，过程略。此时场景中的 loc 显示效果如图 3-34 所示：

图 3-34

然后我们为 parForShake 粒子新建属性 cusInsObjAimPosPPVec 写入创建表达式，表达式语句如下：

parForShakeShape.cusInsObjAimPosPPVec = <<locA.tx, locA.ty, locA.tz>>；

表达式输入效果如图 3-35 所示：

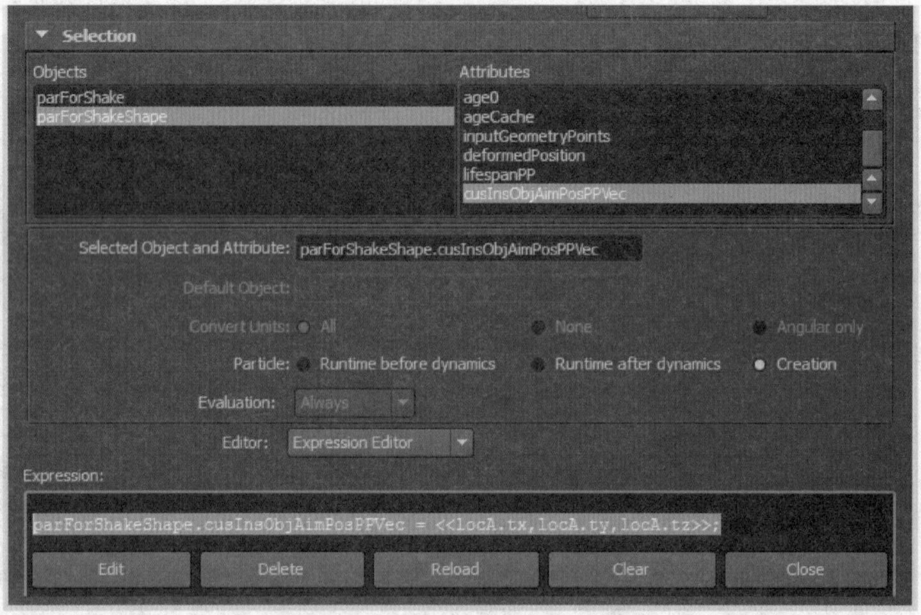

图 3-35

在粒子替换属性的 Rotation Options 卷展栏中将 Aim Position 的输入项由 None 改为 cusInsObjAimPosPPVec，此时调整 locA 的位置变化，可发现替换物体箭只的垂直方向发生了改变，设置过程及效果如图 3-36 所示：

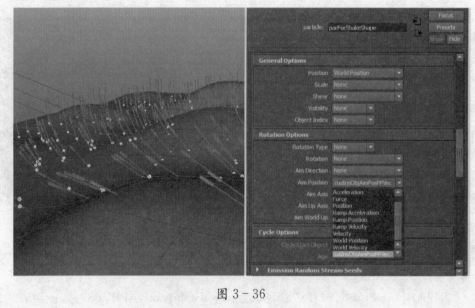

图 3-36

此时仔细观察场景中的箭只，发现其朝向地面的方向较丰富，而不是单纯的一致了，参看图 3-37。

图 3-37

此时读者可考虑实现更丰富的朝向控制,本例中本人只使用了两个 locator 物体控制,效果如图 3-38 所示:

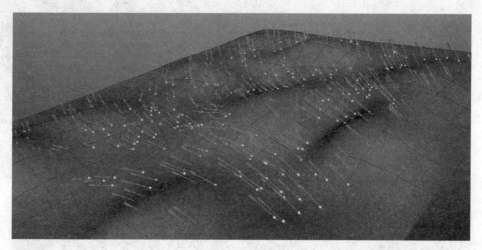

图 3-38

在粒子朝向问题解决之后,我们更进一步实现粒子落地的抖动效果,这需要我们先做出一个箭模型的抖动动画序列。选择用来做碰撞粒子替代物体的模型,将其重新复制一个,并命名为 arrow_forColParShakeSqe,然后将 Maya 模块切换到 Animation 模块,执行 Create Deformers\Nonlinear\Bend,具体过程略,此时场景中 bend 变形器的效果如图 3-39 所示:

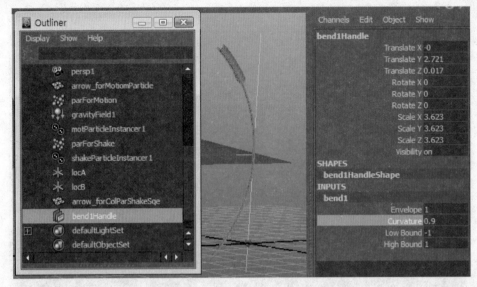

图 3-39

调整变形器皿,具体过程略,使其达到如图 3-40 所示的效果。

然后我们在 bend 手柄的 Curvature 属性上做关键帧动画,具体过程略,bend 手柄的 Curvature 的动画曲线如图 3-41所示:

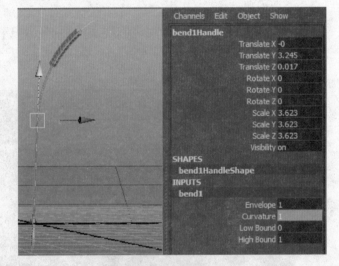

图 3-40

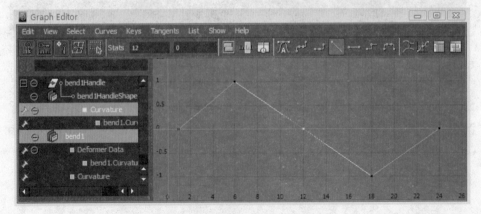

图 3-41

然后选择被动画的模型,执行 Animate\Create Animation Snapshot,在 Create Animation Snapshot 设置窗口中将 End 设为 24,并执行效果如图 3-42 所示:

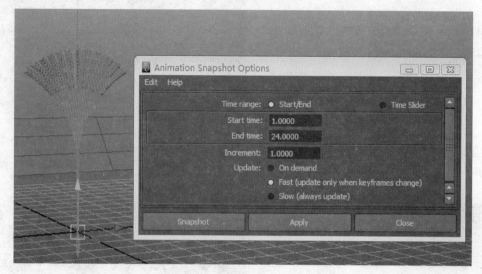

图 3-42

然后我们回到大纲视图,找到 snapshot1Group 节点并展开,将其下的 24 个 transform 物体重新成组并拖曳出 snapshot1Group 节点,则箭的动画序列模型就得到了,此时可将 group1 重新命名为 arrowSqeModGrp,并删除 snapshot1Group 节点,具体过程略。在该动画序列中共有 24 个动画模型,并且第 1 和第 24 个模型都是垂直于地面直立的,此时大纲视图和场景显示如图 3-43 所示:

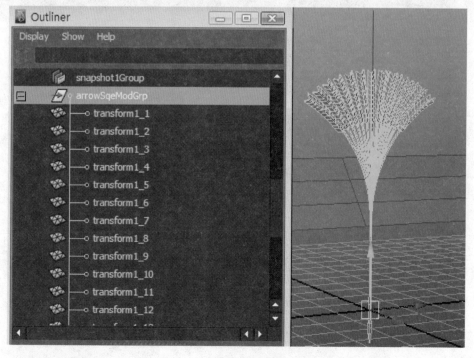

图 3-43

在动画序列模型制作完成后,需要把碰撞粒子的替代箭只模型由单只的 arrow_forColParShake 更改为新复制出的 24 个 transform 物体。首先在场景中选中 shakeParticleInstancer1 节点,并双击则打开了该节点的属性编辑器,效果如图 3-44 所示:

在图 3-44 所示中可以看见在 Instanced Objects 区域中只有一个替换物体 arrow_forColParShake,我们可以通过 Add Selection 和 Remove Items 等选项添加或移除替换物体。

首先将 shakeParticleInstancer1 节点的属性编辑窗口通过 Copy Tab 的方式复制出一个,然后在大纲视图中按照从小到大的顺序选择 24 个动画序列,并执行 shakeParticleInstancer1 节点的属性编辑窗口中的 Add Selection 命令,过程及效果如图 3-45 所示:

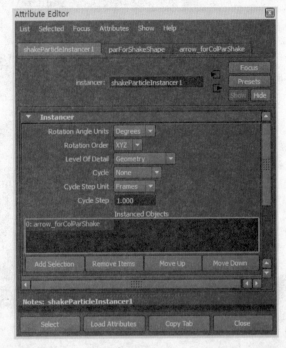

图 3-44

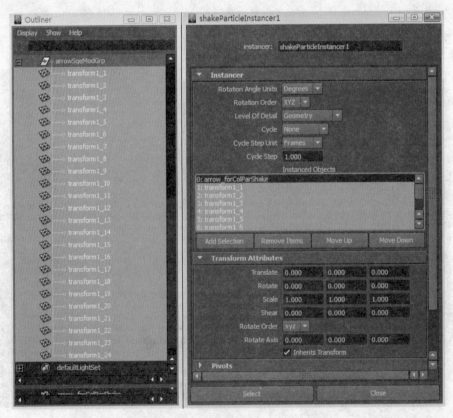

图 3-45

此时第 0 号替换物体 arrow_forColParShake 依然存在，我们可以利用 Remove Items 命令将其移除，具体过程略，此时替换物体顺序如图 3-46 所示：

此时播放场景观察动画不会发现有任何不同，场景效果如图 3-47 所示：

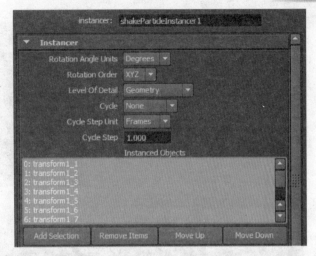

图 3-46

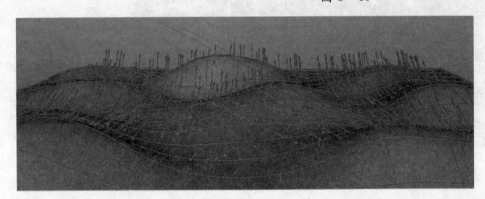

图 3-47

接下来要实现替换物体的动画效果即箭支的抖动。此时需要在粒子 parForShakeShape 的 Instancer（Geometry Replacement）中 Gennneral Options 中的 Object Index 属性进行表达式链接控制。

首先为 parForShakeShape 添加一每粒子属性，命名为 cusInsObjIndexPP，属性类型为浮点属性，具体添加过程略。然后我们为其写入一运行表达式，表达式语句如下：

parForShakeShape.cusInsObjIndexPP +=1；

表达式输入效果如图 3-48 所示：

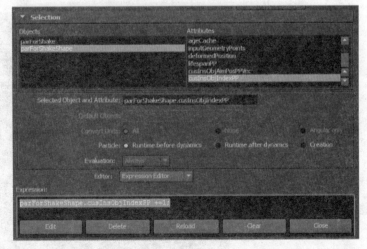

图 3-48

然后回到粒子 parForShake-Shape 的 Instancer(Geometry Replacement)中 Gennneral Options 中的 Object Index 属性,在其后的链接中选择自定义属性 cusInsObjIndexPP,设置效果如图 3-49 所示：

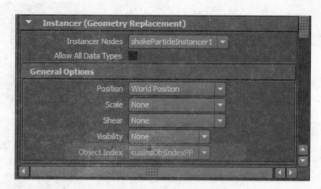

图 3-49

播放场景会发现粒子动画已经出现,效果如图 3-50 所示：

图 3-50

在图 3-50 的动画中我们会发现整个替换动画过于统一,没有变化,此时可以在替换物体的每帧增加的间隔数上进行改变,从而使替换序列发生快慢变化。首先为粒子添加一新属性,命名为 cusInsObjIndexPlusPP,属性类型为浮点数,定义此函数的意义是让其在一定整数范围内如(1,2,3,4)中随机取值,然后用该值替换运行表达式"parForShakeShape. cusInsObjIndexPP +＝1;"中的"1",再为新建属性 cusInsObjIndexPlusPP 写入创建表达式,表达式语句如下：

parForShakeShape. cusInsObjIndexPlusPP ＝trunc(rand(1,4.9));

表达式输入效果如图 3-51 所示：

然后将表达式执行方式切换为 Runtime before dynamics,将表达式"parForShake-Shape. cusInsObjIndexPP +＝1;"修改为"parForShakeShape. cus-

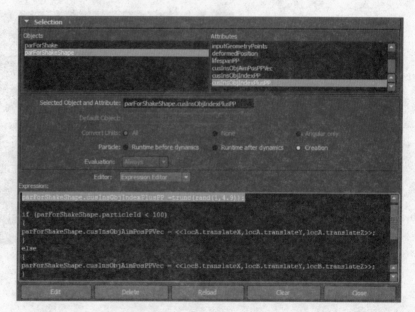

图 3-51

InsObjIndexPP +=parForShake-Shape.cusInsObjIndexPlusPP;"，此时表达式输入效果如图3-52所示：

此时为了检测我们新建属性cusInsObjIndexPlusPP的取值情况，可以将粒子parForShakeShape的渲

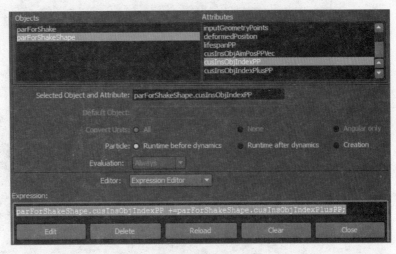

图3-52

染形态设为Numeric，然后在Attribute Name中输入cusInsObjIndexPlusPP，此时播放场景观看场景的效果如图3-53所示：

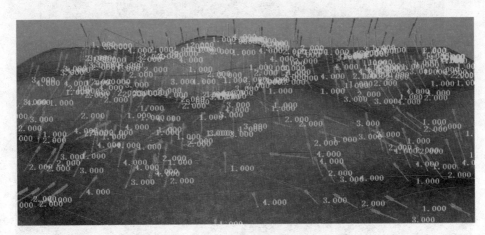

图3-53

如果仔细观察场景会发现cusInsObjIndexPlusPP属性数值，会得知cusInsObjIndexPlusPP属性取值大的粒子箭尾摆动较快，cusInsObjIndexPlusPP属性取值小的粒子箭尾摆动较慢。

此时将粒子parForShakeShape的渲染形态由Numeric设为Point，然后播放场景并渲染效果如图3-54所示：

到此本章关于射箭的粒子替换动画就全部制作完成了，在本章中关于粒子替代的三个旋转属性的执行方式以及替换的递增实现方式请读者仔细领会并掌握。最后看一下场景的渲染的四张截图效果，如图3-55所示：

图 3-54

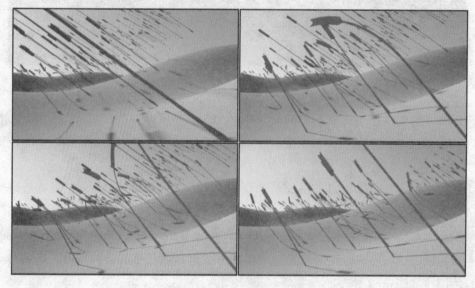

图 3-55

第4章 群组动画

本章我们讲述一下在三维动画制作中较简易的生物群组动画制作方法,其方法之一是使用 Maya 粒子的 Sprite 形态,但是其由于不能被 Maya 的 SoftWare 所渲染,故使用时有些局限,但其在实现方法上对于我们后面深入阐述群组动画具有很大的借鉴意义,故我们在此要进行详细分析阐述。

如图 4-1 是我们将要完成的效果:

图 4-1

在图 4-1 所示的渲染图片中我们使用了 MentalRay 渲染,并在设置上采取了一些技巧,这将在后面进行详细阐述。

在制作该动画之前需先准备一套序列帧,在动画序列中,首张图片与末尾图片最好保持一致,如图 4-2 就是我们准备的一个四足动物在原地跑动的动画序列:

图 4-2

在图 4-2 所示中左侧我们对图片的格式使用了 Maya 默认的 iff 格式,在命名上以 0 为起始,如 beast0.iff, beast1.iff 等, 共 12 张,则最后一张为 beast11.iff,右侧显示的则是使用 Maya 的 FCheck.exe 渲染的其中一张效果。至于图片的准备过程则不再详述。

图片准备完后开启 Maya,并切换到 Dynamic 模块,在场景中创建一 Emitter,参数设置如图 4-3 所示:

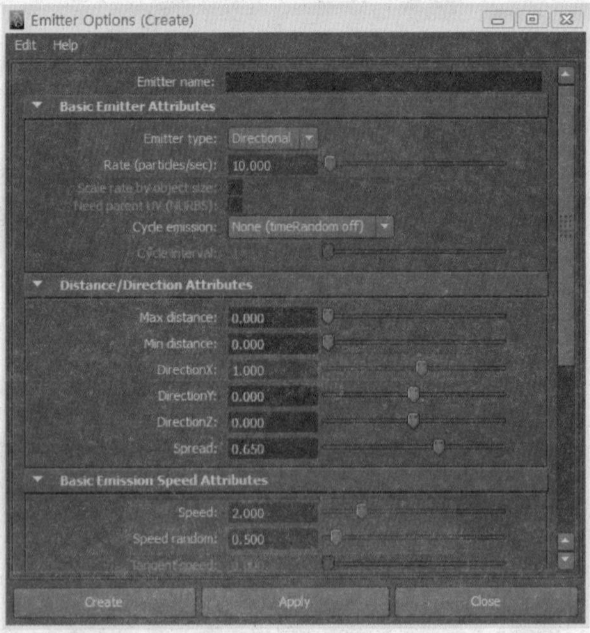

此时现将场景动画播放设置为逐帧播放(Play Every Frame),然后播放动画,在场

图 4-3

景中选择粒子,将粒子的渲染属性设为 Sprite,场景显示及效果如图 4-4 所示:

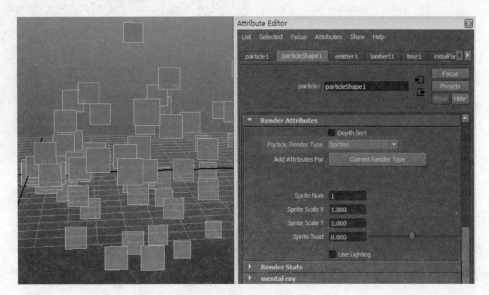

图 4-4

Sprite 粒子的特性之一是可以为其使用材质进行调节,再次我们为其指定一 Lambert 材质,将其重名为 lamForSprite,然后在 Color 通道上指定我们准备好的 beast 贴图,并注意勾选 Use Image Sqeuence 选项,初步设定效果如图 4-5 所示:

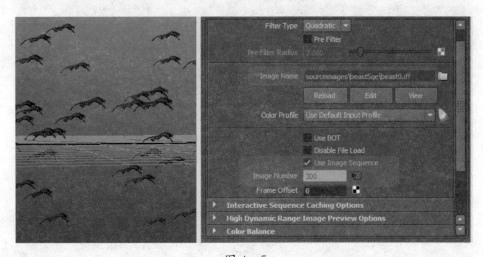

图 4-5

此时需要继续调整 Image Number 后面的表达式,在 Image Number 属性上右击鼠标,在弹出选项上执行 Delete Expression,设置如图 4-6 所示:

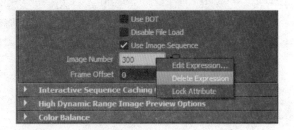

图 4-6

删除表达式后,图片序列将不会被自动载入,此时可以采用手动设置关键帧的方法来实现,由于准备的序列帧图片数字编码是从 0 起始,故首先将场景动画播放起始位置设为 0,然后将当前帧调整到 0,在 ImageNumber 中输入 0,并右击鼠标选择 Set Key,效果如图 4-7 所示:

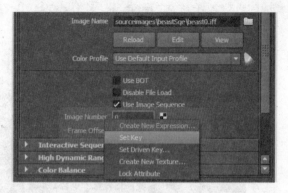

图 4-7

然后继续将当前时间帧调整到 11 帧,并在 Image Number 中输入 11 后继续设成关键帧,过程略。此时选择 File1 节点,并打开 Graph Editor(动画曲线编辑器),如果观察到动画曲线是非线性的,可以将其设为线性,Frame Extension 的动画曲线效果如图 4-8 所示:

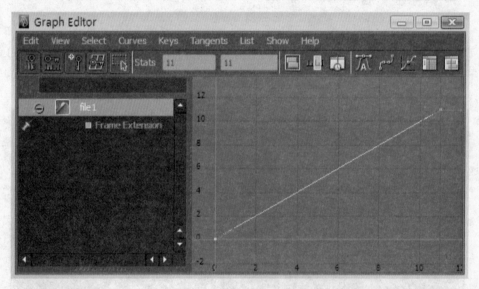

图 4-8

此时我们在场景中播放动画会发现只有在最初的几帧出现的 Sprite 上会有动画出现,而超过 11 帧之后,则全是静止不动,这种情况我们可以在动画曲线中解决。由于本动画序列是循环动画,即 0 帧图像与 11 帧图像是相同的,故可将动画曲线的 Post Infinity 设为 Cycle,但在此处,我们可以利用 Sprite 粒子的相关属性进行额外解决。

此时在场景中新建一 Nurbs 平面,并利用雕刻或变形工具将其修改成凹凸起伏的地面状,具体过程略,效果如图 4-9 所示:

接下来在场景中先选择粒子,再选择地面,并在菜单中执行 Particle\goal,在弹出的 Goal Options 选项中将 Goal Weight 设为 1,效果如图 4-10 所示:

此时播放场景,效果如图 4-11 所示:

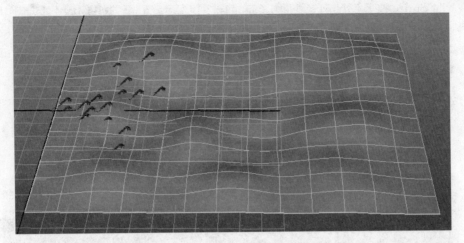

图 4-9

图 4-10

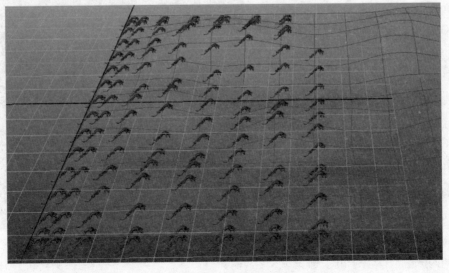

图 4-11

此时 Sprite 粒子在 Nurbs 表面均匀向前排列，表示我们设置的 Goal 已经起作用了，接下来就是调整其动态与形态，使它们运动更自然。

Maya 的 Sprite 粒子具有很多自己的控制属性，我们首先将其显示出来，在场景中选择粒子，然后打开其属性编辑器，在卷展栏 Add Dynamic Attributes 中点击 General，在弹出的 Add Attributes ParticleShape1 对话框中选择 particle，则关于粒子本身的固有的一些隐藏属性就可以显示出来，此时只要将它们显示出来就可以了，效果如图 4-12 所示：

图 4-12

在图 4-12 中显示出来的属性有 goalOffset、goalU、goalV、spriteNumPP、spriteSclaeYPP、spriteSclaeXPP 共 6 个属性，执行之后则可以在粒子的 Per Particle（Array） Attributes 中显示并可以加以利用了，效果如图 4-13 所示：

我们再控制粒子的出生位置，让粒子在出生时在地面的一边，而不是直接出现在曲面的中央，这需要我们查看地面的 UV 分布情况，选中地面执行 Display\NURBS\CVS，此时场景显示如图 4-14 所示：

在对地面 UV 分布了解之后，

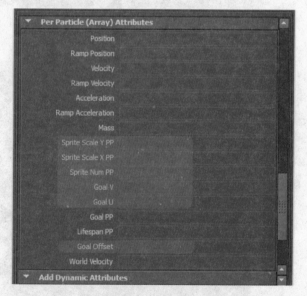

图 4-13

可以利用表达式控制粒子的的出生位置,选择粒子,在粒子 Per Particle Attributes 属性的 goalV 属性后右击鼠标,在弹出菜单中执行 Creation Expression…,过程如图 4-15 所示:

图 4-14

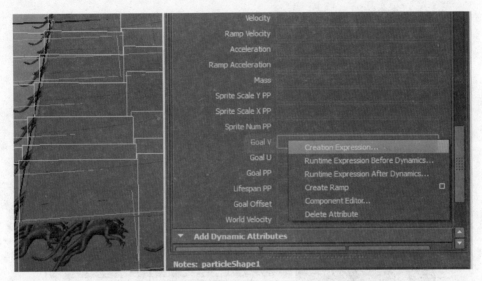

图 4-15

在弹出的 Expression Editor 中,为粒子的 goalU 和 goalV 输入如下表达式:

particleShape1. goalV = rand(0,1);

particleShape1. goalU = 0;

然后播放动画会发现场景如图 4-16 所示:

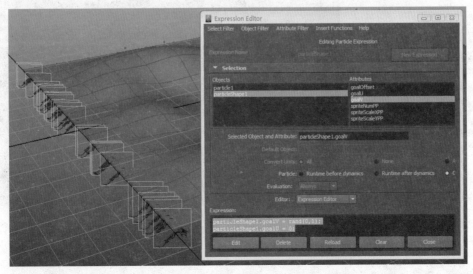

图 4-16

此时 Sprite 粒子的出生位置都集中在地面的左侧，这就是我们想要的效果，接下来我们要粒子从左侧运动到右侧，此时需要为 goalU 进行运行表达式控制。

我们想要实现的效果是让粒子随着生命值的变化而让其 goalU 值逐渐从 0 增加到 1，这样我们需首先对粒子的 lifespanPP 属性进行控制。在 Expression Editor 中维持 Creation Expression... 模式不变，输入：

particleShape1.lifespanPP = rand(3,5);

其含义是让每个粒子创建初始即被指定了生命值，范围是 3 到 5 之间的浮点数，此时表达式菜单效果如图 4-17 所示：

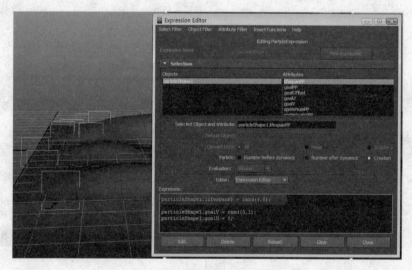

图 4-17

设置之后还需将粒子的 Lifespan Attributes 中的 Lifespan Mode 设置为 lifespanPP only，这样在上面输入的表达式才起作用，过程略。

然后将表达式执行方式改为 Runtime before dynamics，选中粒子的 goalU 属性，并输入如下表达式：

particleShape1.goalU = linstep(0, lifespanPP, age);

关于 linstep 函数的意义请大家参考 Maya 的官方帮助。此时表达式设置窗口如图 4-18 所示：

图 4-18

此时播放场景会发现粒子从左向右移动,只不过是形态单一,没有动画,并且有一半还在地面下方,效果如图 4-19 所示:

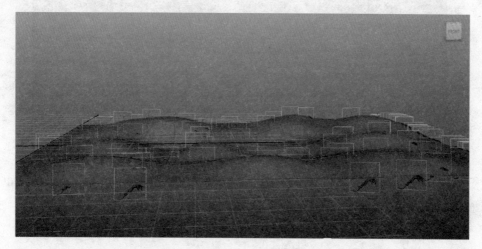

图 4-19

形态单一是由于粒子缩放属性值都是 1,我们在表达式窗口中还是切换回 Creation 执行方式,然后在表达式窗口输入:

particleShape1. spriteScaleXPP = rand(0.65,1.2);

particleShape1. spriteScaleYPP = rand(0.65,1.2);

表达式窗口设置如图 4-20 所示:

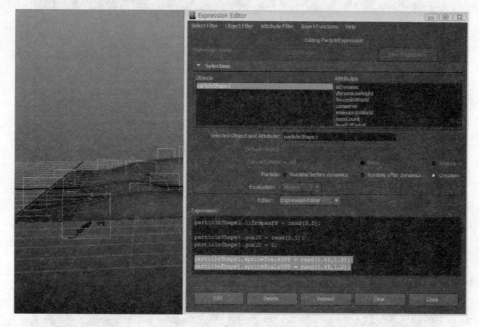

图 4-20

此时播放场景就会发现各 Sprite 粒子有了高矮胖瘦的不同变化,场景播放效果如图 4-21 所示:

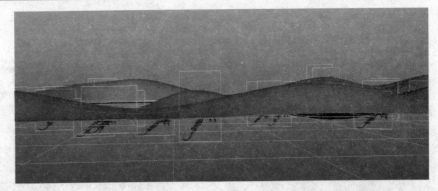

图 4-21

接下来我们要将粒子的位置上移,而不是被中间穿插,方法是用表达式控制 goalOffset 值,维持表达式窗口的 Creation 方式不变,在表达式输入区输入如下表达式:

particleShape1.goalOffset = <<0,(spriteScaleYPP/2),0>>;

表达式设置窗口如图 4-22 所示:

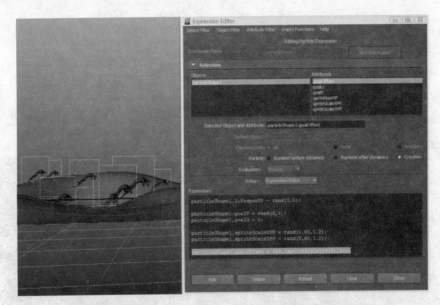

图 4-22

此时播放场景,效果如图 4-23 所示:

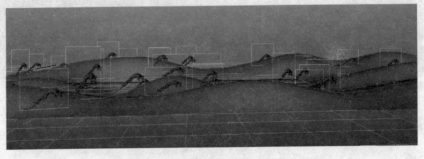

图 4-23

接下来我们为粒子解决动画问题，首先观察场景，会发现替换的图片都是一样的，效果如图4-24所示：

图4-24

这种情况我们在前面提及到是由于粒子替换很快就将12帧图片替换完毕，然后接下来的Sprite粒子都使用最后一张图片作为永久替代，因此我们可以先使用运行表达式将序列动起来。在表达式输入窗口将执行方式设置为Runtime before dynamics，在表达式输入区输入如下表达式：

particleShape1.spriteNumPP += 1；

particleShape1.spriteNumPP = particleShape1.spriteNumPP % 12；

表达式输入效果如图4-25所示：

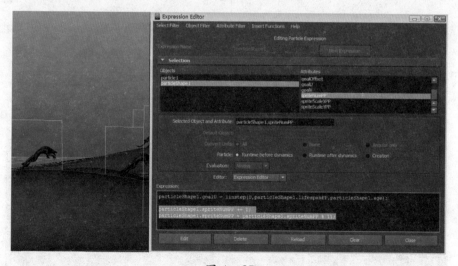

图4-25

上面表达式的含义是首先将spriteNumPP属性值进行逐帧加1处理，然后将新得到的spriteNumPP整除以12并取余之后重新赋值给自己，这样播放场景就有动画了，此时我们要做的很重要的事情就是将各Sprite粒子的初始替代值由0变为0和11之间的随机整数值，方法是利用创建表达式控制粒子的spriteNumPP属性。将表达式执行方式设

为 Creation 模式,在表达式输入区输入如下表达式:

　　particleShape1.spriteNumPP = trunc(rand(0,11.9));

具体输入过程略。

此时播放场景会发现效果好了很多,如果想详细查看粒子的 spriteNumPP 属性值的逐帧变换情况,可做如下调整:在粒子的 Render Attributes 属性中将 Particle Render-Type 设为 Numeric,然后将 Attribute Name 由原来的 id 设为 spriteNumPP,设置与播放场景效果如图4-26所示:

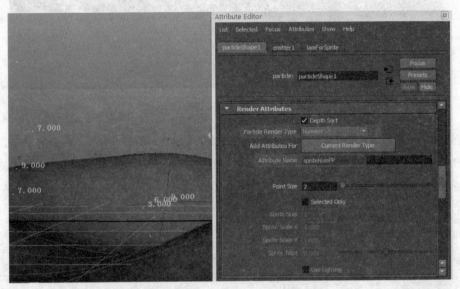

图 4-26

然后将粒子的 Render Type 修改回 Sprite 形态即可,接下来我们可以利用 Sprite 粒子的硬件粒子属性将其颜色做一更改,从而怪兽色彩丰富起来。在粒子的 Add Dynamic Attributes 属性上点击 Color 选项,在弹出窗口中选择 Add Per Particle Attribute 选项,设置过程如图4-27所示:

图 4-27

此时 RGB PP 被添加到粒子属性中,然后为属性添加一创建表达式,内容如下:
particleShape1.rgbPP = <<rand(0.65,1),rand(0.65,1),rand(0.65,1)>>;
表达式输入效果及场景播放效果如图 4-28 所示:

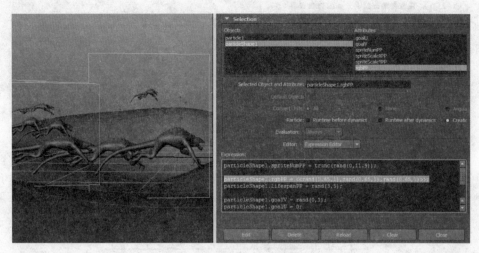

图 4-28

接下来我们调整一下 Sprite 粒子的旋转方向。仔细观察视图,会发现 Sprite 粒子是平行划过地面表面,它们在运动中并没有随着地面的高低起伏做相应的方向调整,效果如图 4-29 所示:

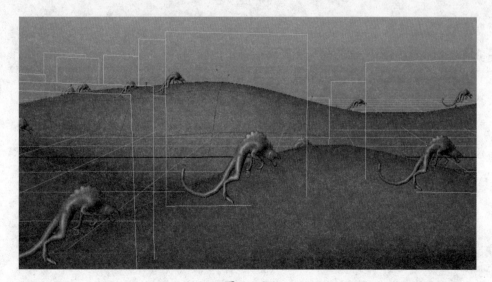

图 4-29

Sprite 粒子的方向调整可以通过修改 spriteTwistPP 属性来实现,只是旋转角度的判断要好好分析一下。

由于 Sprite 粒子一直是贴着曲面表面滑行,因此它的速度方向是时刻变化的,从作者本人所制作的场景的世界坐标系来看,粒子的速度方向与 X 轴的正向夹角就是 Sprte

粒子的应旋转的方向，分析过程如图 4-30 所示：

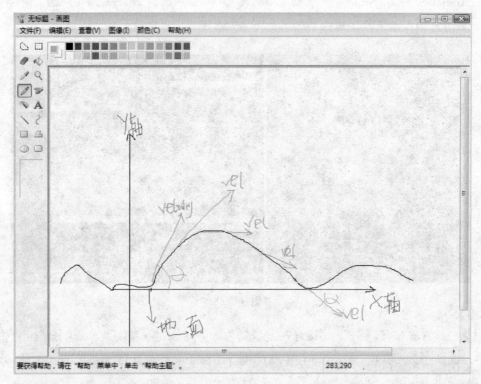

图 4-30

在 Maya 中提供了一个 angle 命令来帮助我们取得两个矢量之间的夹角，只不过它提供给我们的是弧度值，需要转化为度数值才可以使用。

选中粒子并为 spriteTwistPP 输入如下 Runtime before dynamics 表达式：

vector $velocityPP = particleShape1.velocity;

float $angleVtoXArc = angle(<<1,0,0>>,particleShape1.velocity);

float $angleVtoXDegree = rad_to_deg($angleVtoXArc);

if ($velocityPP.y >=0)

{

particleShape1.spriteTwistPP = $angleVtoXDegree;

}

else

{

particleShape1.spriteTwistPP = -$angleVtoXDegree;

}

上述的表达式的含义是：将粒子的 velocity 矢量存储在变量 $velocityPP 中；利用 angle 函数求得 Sprite 粒子速度方向与 X 轴正方向的夹角（弧度值）；将弧度值转化为度数值；判断 Sprite 粒子的速度的 Y 向量的变化，当 Y 向量大于 0 时，表示粒子在沿地面向上运动,此时旋转角度就是我们所取的设为夹角;当 Y 向量小于 0 时,表示粒子在沿地面向下运动,此时旋转角度就是我们所取的设为夹角的负值。表达式输入效果如图 4 – 31 所示:

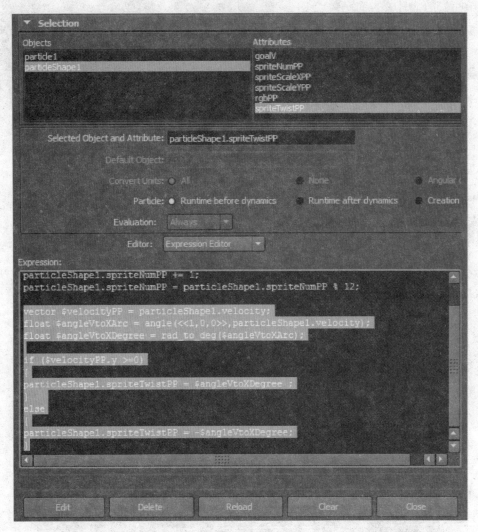

图 4 – 31

表达式执行效果如图 4 – 32 所示:

图 4 – 32

在表达式创建后，Sprite 粒子的运动基本达到我们的要求，但是如果读者仔细观察，会发现在 Sprite 粒子刚出现的前两帧会出现怪异的翻转现象，如图 4－33 所示：

图 4－33

这种情况的出现是由于 Sprite 粒子的初始两帧的速度三个分向量都为 0 所造成的，此时可以通过使用额外的表达式控制来实现。首先在表达式窗口中将执行模式设为 Creation，然后在表达式输入区输入：

particleShape1. spriteTwistPP ＝ 0；

此表达式的含义是定义 Sprite 粒子的初始旋值为 0，具体输入过程略。接下来要定义粒子的刚出生的一小段时间里的速度矢量，将表达式执行模式设为 Runtime before dynamics，然后在表达式输入区输入如下表达式：

if（age ＜ lifespanPP＊0.05）

｛

velocity ＝ ＜＜0.1,0,0＞＞；

｝

注意此表达式需放在我们前一段表达式的上面，表达式输入过程如图 4－34 所示：

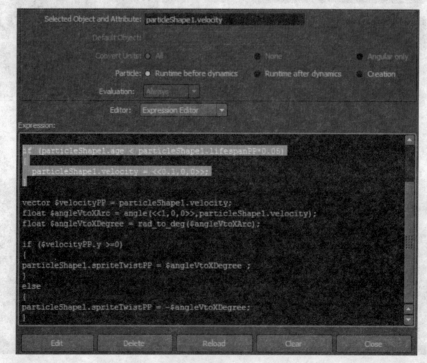

图 4－34

上述表达式的含义是当 Sprite 粒子的 age 小于其 liespanPP * 0.05 时,手动将 Sprite 粒子的速度设为 <<0.1,0,0>>,其目的是这样能获得为 0 的旋转角度,其原因在于与其让粒子发生偏转,不如让其在地面滑行,因为滑行效果我们更能接受。当然如果读者有兴趣也可考虑用其他的方法来实现。此时执行播放场景如图 4-35 所示:

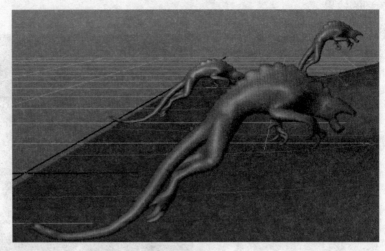

图 4-35

Sprite 粒子在默认情况下是不能被 Maya 的 Software 渲染的,但是可以被 Mental-Ray 渲染器所渲染,具体的渲染设置过程略,此处只需简单设置一下即可,在此开启了 Environment 下的 Physical Sun and Sky,渲染效果如图 4-36 所示:

图 4-36

这样关于基于 Sprite 粒子的简单群组效果就基本完成了,由于 Sprite 粒子的特性是基于摄像机视角的旋转特性,因此由序列图片所形成的动画在应用上是有局限的,即 Sprite 粒子平面是永远垂直于当前摄像机的,如果我们使用实体模型进行替换,则不会受此局限。不过本例中的一些思路是可以引申的。

接下来我们还需借用本例中的粒子运动的 goal 方式，使用替换的方法来实现所需达到的效果。

在制作中我们可以维持原 Sprites 各设置不变，只进行新的粒子替换即可，由于将要进行实体模型替换场景中过多的粒子会使场景的交互速度减弱，故我们先限制一下场景中粒子的最多出现数量，选中粒子，在粒子属性的 Emission Attributes（see also emitter tabs）栏中将 Max Count 由原来的 -1 设为 6，这样场景中的粒子最多可以同时出现 6 个，设置效果如图 4-37 所示。

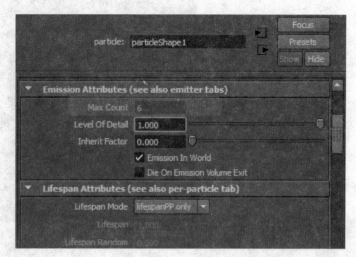

图 4-37

此时播放会发现场景中最多出现 6 个 Sprite 粒子，当有粒子消亡之后，发射器才会重新发射粒子，效果如图 4-38 所示：

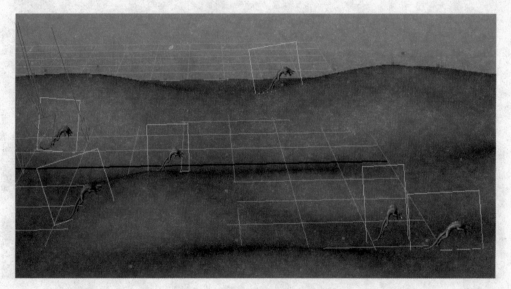

图 4-38

接下来我们需要导入动画实体序列模型，执行 File\Import...，在弹出的对话框中找到所需要的动画序列实体模型，过程及效果如图 4-39 所示：

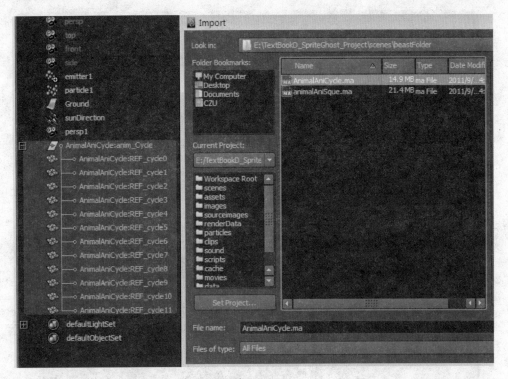

图 4-39

在场景中实体动画模型的显示效果如图 4-40 所示：

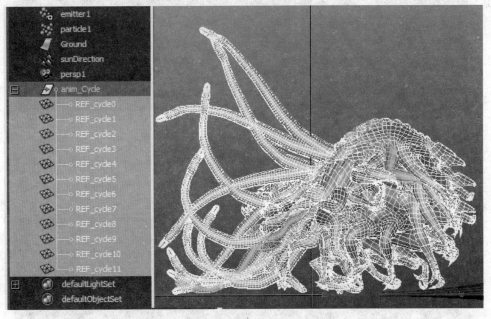

图 4-40

将12个实体模型依次沿X轴正向移开,可看见如图4-41所示的动画序列:

图4-41

在准备进行粒子替代之前,原来的Sprite粒子的一些goal属性参数的表达式是可以继续使用的,如gaolU、goalV等,当然有些参数不适合,但是不影响我们继续进行粒子替代。

首先顺序选择动画序列模型,然后执行Patticles\Instancer(Replacement),在弹出的粒子替换设置选项中个参数维持默认即可,过程如图4-42所示:

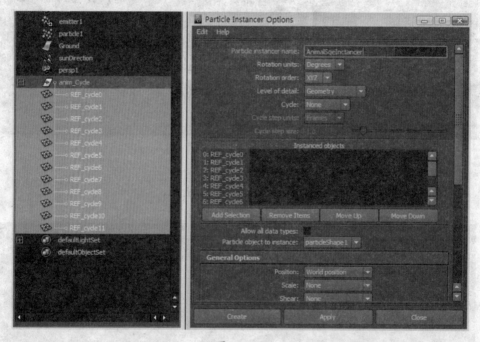

图4-42

由于原粒子的goalOffset值被写入了表达式,此时播放动画会发现替代模型偏离地面很多,效果如图4-43中红色圈中的模型所示:

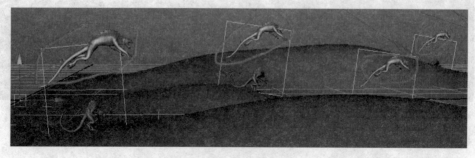

图4-43

这是由于 Sprite 粒子的轴心点与实体模型的轴心点不同所造成,为了获得 Sprite 粒子的正确位置,在 goalOffset 上使用创建表达式,此时需要将该表达式删除或注解掉,其效果都是该表达式不再执行,注解掉的方法是在对应的表达式前加入"//",效果如图 4-44 所示:

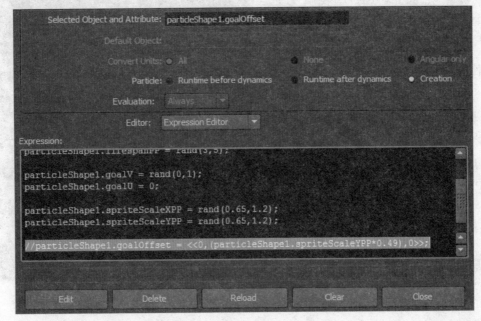

图 4-44

此时播放场景动画,则会发现 Sprite 粒子又下降到了地面以下,而我们的实体替换模型则位置比较正确,场景播放效果如图 4-45 所示:

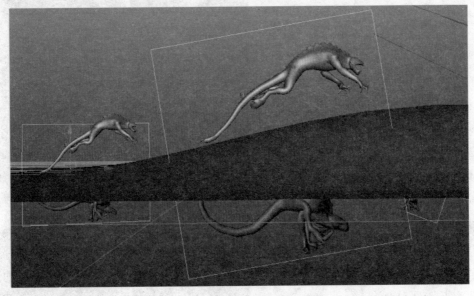

图 4-45

此时如果在场景中不想看见 Sprite 粒子的动画效果，可以将 SpriteScaleXPP 和 SpriteScaleYPP 设为 0，或者将粒子的渲染形态改为非 Sprite 形态，例如为 Sphere，具体过程略，接下来我们为粒子替换进行一些表达式控制。

粒子替换在默认情况下是只替换第一个模型，因此在场景中我们发现只是编号 REF_cycle0 的模型划过地面，这需要利用表达式控制粒子替换属性的 ObjectIndex 属性。

我们先为粒子添加一新属性，方法是在 Add Attruibute 对话框中不要进入 Particle 选项了，而是选择 New，在 Long name 中输入 cusInsObjIndexPP，在 Data Type 中设为 Float，在 Attribute Type 中设为 Per Particle (array)，然后点击 OK 或 Add 即可，设置过程如图 4-46 所示：

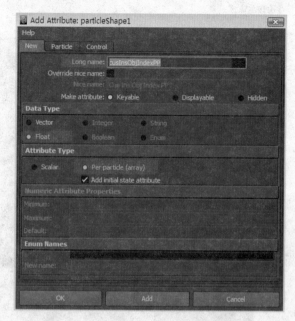

图 4-46

属性一旦添加成功则会出现在粒子的 Per Particle (Array) Attributes 卷展栏中；如果没有，则在场景中先将粒子去选，然后重新选择，则 Per Particle (Array) Attributes 卷展栏经过更新就可以看见新建属性了。右击该属性为其创建表达式，将表达式执行方式设为 Creation，在表达式输入区输入如下语句：

particleShape1.cusInsObjIndexPP = trunc(rand(0,11.9));

具体过程略，此表达式的含义和我们在前面为 spriteNumPP 写的创建表达式含义类似，即在粒子出生之时随机选择 12 个替换实体模型中的一个进行替换，但该表达式需要我们为其做出合理指定才可执行。方法是回到粒子属性窗口的 Instancer (Geometry Replacement) 卷展栏，在其下的 General options 选项中的 Object Index 后指定为我们新建的 cusInsObjIndexPP 属性，设置过程如图 4-47 所示：

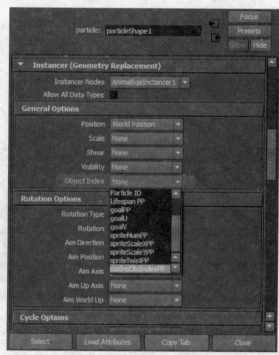

图 4-47

此时播放场景，效果如图 4-48 所示：

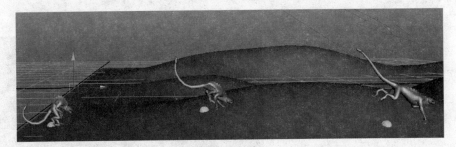

图 4-48

这样替换物体就发生了随机变化，此时需要实现替换物体的动画变化，那么需要为 cusInsObjIndexPP 属性写入运行表达式，在表达式输入窗口输入如下表达式：

particleShape1.cusInsObjIndexPP += 1;

particleShape1.cusInsObjIndexPP = particleShape1.cusInsObjIndexPP % 12;

此时播放场景，替换模型的动画显序列就显示在场景中了，动画效果如图 4-49 所示：

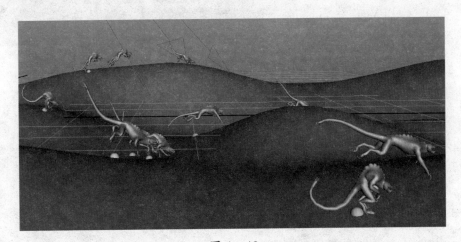

图 4-49

接下来我们更改一下替换物体的大小，避免替换物体都是一样大小。我们为粒子添加新属性，属性名为 cusInsObjScalePPVec，之所以加 Vec 结尾，是为方便在以后的表达式识别中知道这是一三元标量或矢量，具体在本例中是由于缩放值就是三元标量，但我们需要使用矢量的方式来定义，添加属性效果如图 4-50 所示：

添加该属性后，为其添加创建表达式，语句如下：

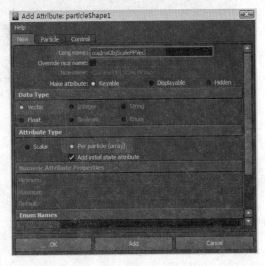

图 4-50

particleShape1.cusInsObjScalePPVec = <<rand(0.65,1.2),rand(0.65,1),rand(0.65,1.2)>>;

具体输入过程略。

该表达式被创建后仍然不能起作用,我们需要为其链接到合适的属性上才可以。方法还是回到粒子属性的 Instancer（Geometry Replacement）卷展栏,在 General Options 子卷展栏中将 Scale 的执行属性设为我们新建的 cusInsObjScalePPVec,设置过程如图 4-51 所示：

此时将粒子形态更改为 Numeric,在 Attribute Name 中输入 cusInsObjScalePPVec,然后播放场景效果如图 4-52 所示：

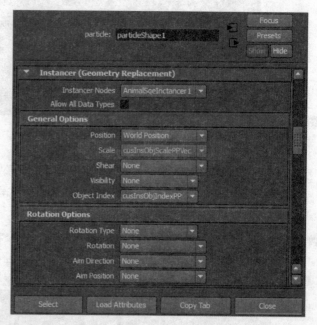

图 4-51

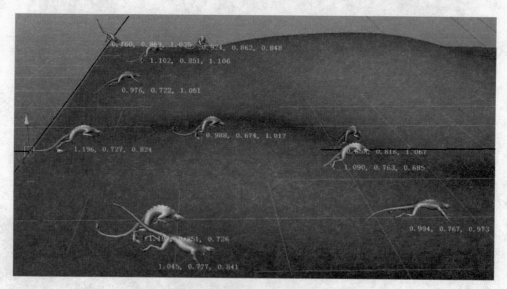

图 4-52

接下来我们调整替换物体的旋转角度,就是实现类似于在 Sprite 的翻转效果,让替换模型随着地面的起伏变化而自动调整角度,此时为粒子增加一新属性,命名为 cusInsObjRotPPVec,属性依然是每粒子矢量属性,具体过程略。属性添加完成后,为其写表达式进行控制。在创建模式下,为其输入如下语句：

particleShape1.velocity = <<0.1,0,0>>;

particleShape1. cusInsObjRotPPVec = <<0,0,0>>;

设置效果如图 4-53 所示：

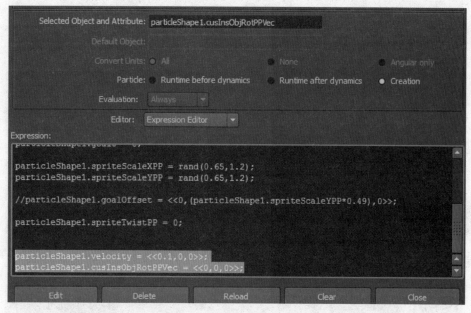

图 4-53

然后将表达式执行模式设为 Runtime before dynamics，在原来关于 Sprtie 粒子判断表达式中分别填入如下两个语句：

particleShape1. cusInsObjRotPPVec = <<0,0,$angleVtoXDegree>>;

particleShape1. cusInsObjRotPPVec = <<0,0,-$angleVtoXDegree>>;

而整个关于旋转角度的表达式顺序依然如下：

if（particleShape1. age < particleShape1. lifespanPP * 0.05）

{

particleShape1. velocity = <<0.1,0,0>>;

}

vector $velocityPP = particleShape1. velocity;

float $angleVtoXArc = angle(<<1,0,0>>,particleShape1. velocity);

float $angleVtoXDegree = rad_to_deg($angleVtoXArc);

if（$velocityPP. y >=0）

{

particleShape1. spriteTwistPP = $angleVtoXDegree；

particleShape1. cusInsObjRotPPVec = <<0,0,$angleVtoXDegree>>;

}

clsc

{
  particleShape1.spriteTwistPP $= -\$angleVtoXDegree$;
  particleShape1.cusInsObjRotPPVec $= <<0,0,-\$angleVtoXDegree>>$;
}

表达式输入效果如图 4-54 所示：

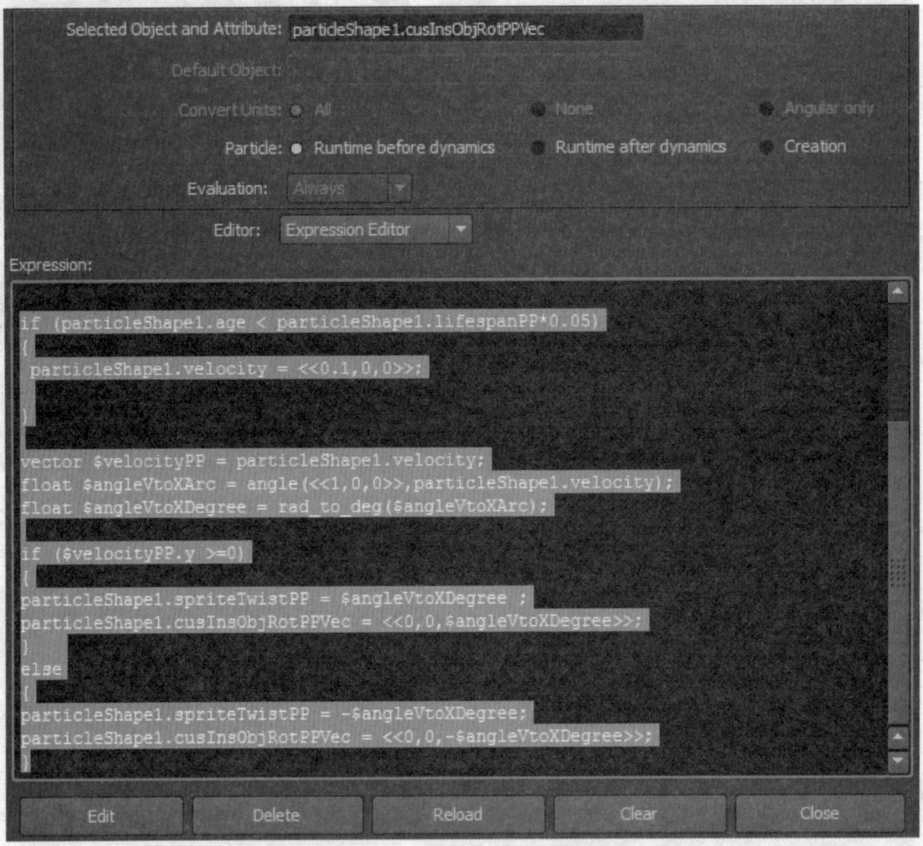

图 4-54

表达式输入完毕后还需要在粒子属性中进行合理指定，替换模型才会发生旋转，我们再切换回粒子的 Instancer(Geometry Replacement)卷展栏，并找到其 Rotation Options 子卷展栏，将 Rotation 选项指定为新建属性 cusInsObjRptPPVec，设置效果如图 4-55 所示：

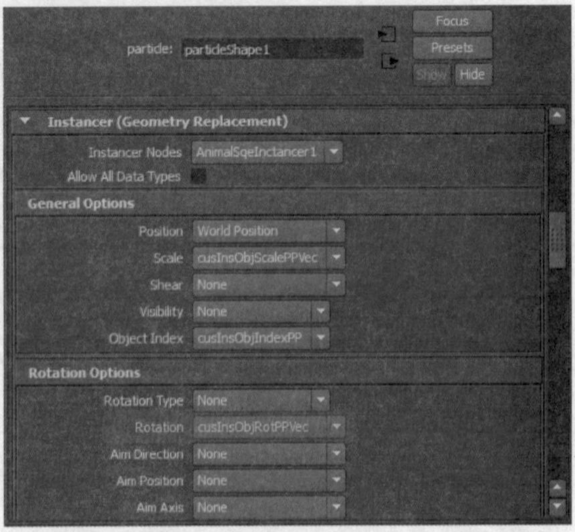

此时可以将粒子渲染形态设置为 Numeric，然后在 Attribute Name 中输入新建属性 cusInsObjRptPPVec，

图 4-55

此时播放场景观察动画替代模型的旋转值变化,效果如图 4-56 所示:

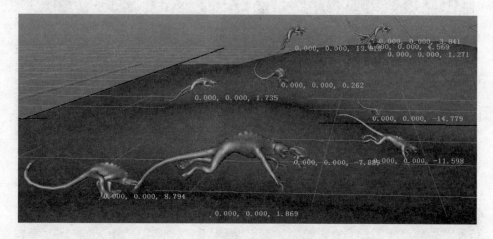

图 4-56

此时将粒子的 Max Count 属性设置回-1,将 Emitter1 发射率调大,例如增加到 20,并将粒子的渲染形态设置为 point 模式,此时播放场景动画效果如图 4-57 所示。

图 4-57

此时应注意我们的摄像机为一种俯视视角,而这种视角是使用 Sprite 粒子时所不能使用的视角,这就是实体模型替换带来的好处。

此时我们选择一个视角进行渲染,效果如图 4-58 所示:

图 4-58

至此一个简单的群组动画就完成了,由于此中的群体运动方向一致,故没有躲闪、碰撞等智能型动作发生。关于复杂的群组动画,读者可以参考相关的第三方制作软件或是有关 Maya 的高级 Mel 应用教程,在此不再详细阐述。

第5章 爆 炸

本章我们讲述一下在三维动画制作中常见的爆炸特效制作方法,其制作中主要还是利用表达式对粒子的内建属性和新定义属性进行控制,图5-1和5-2是我们将要完成的场景网格显示与渲染大概效果:

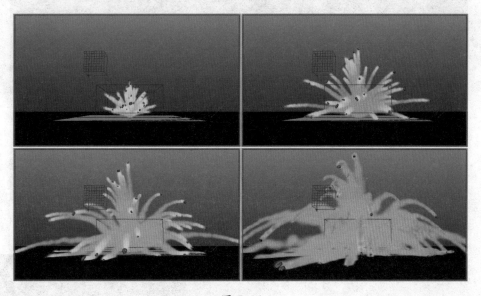

图 5-1

首先我们需要进行场景准备,先在场景中准备一地面,可以用 polyPlane 物体创建,将其缩放的足够大以方便将来爆炸的碎片能够落在其上,而对其细分段数没有要求,如图5-3是我们创建的地面及其参数:

图 5-2

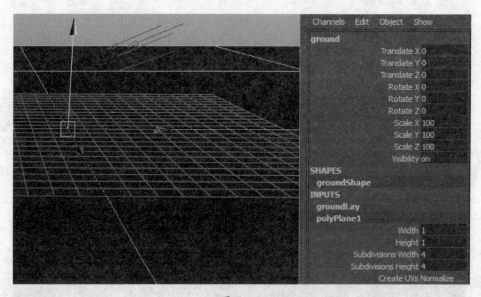

图 5-3

然后继续在场景中创建一圆球,可以使用 polySphere 来创建,让其模拟为一爆炸物体,如炸弹。对于该爆炸物我们需要对其的 visibility 属性进行动画处理,使其在爆炸物爆炸后被隐藏,当然也可以利用材质的透明属性来实现,但这里我们只是重在方法提示,如图 5-4 是我们创建的圆球以及其 visibility 属性的动画曲线:

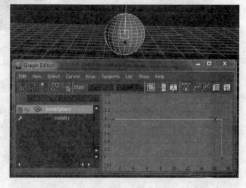

图 5-4

我们继续在场景中创建一盏点光源,可将其命名为 PL_ForBombFlash,通过它来模拟炸弹爆炸瞬间生成的强光,可以通过对其的 color 属性做关键帧动画来实现,点光源可以放在小球的内部,但要注意的是需将该点光源和爆炸物体 bomb 之间的照明链接打断,具体过程略,此时该点光源在场景中的实现以及其 color 属性的动画曲线如图 5 - 5 所示:

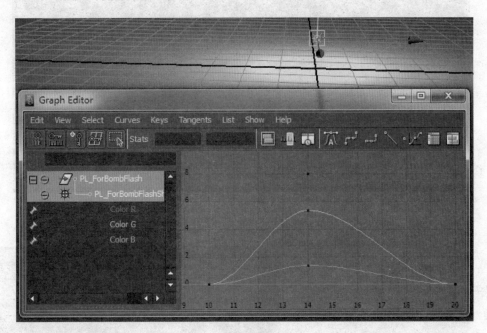

图 5 - 5

此时我们在场景可以继续创建一平行光来进行照明,可将该平行光命名为 DL_forIllum,将该平行光的光线跟踪属性开启并进行相应的设置,效果如图 5 - 6 所示:

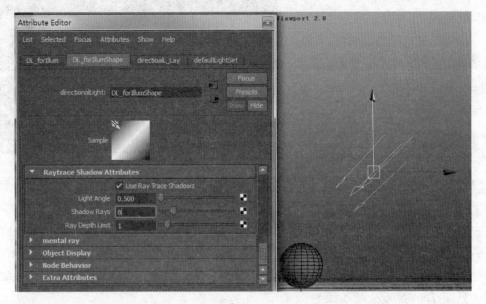

图 5 - 6

至于渲染面板的设置在此略过，此时渲染场景如图5-7所示：

图5-7

在以上基本场景元素准备完毕后，可以进行动力学模拟了，此时需要注意的是在本例中需要用动力学动画与关键帧动画的配合来实现爆炸效果，因此如果后面发生二者匹配不是很融合的情况下，我们可以调整关键帧动画来匹配动力学动画，这样可以减少动力学模拟的难度。

接下来进行动力学准备，首先在场景中创建一粒子发射器，命名为 emitter_RockPar，其参数设置如图5-8所示：

在图5-8中，首先在 emitter_RockPar 发射器的 BasicEmitter Attributes 卷展栏中将 Emitter Type 设为 Directional，在 Dis-

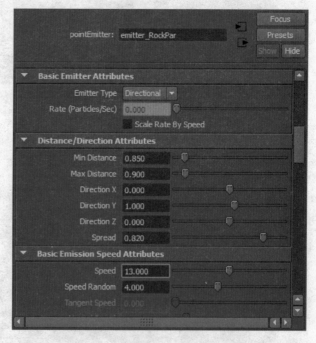

图5-8

tance/Direction Attibutes 卷展栏中将 Min Distance 设为 0.85，将 Max Distance 设为 0.9，将 Direction Y 设为 1，将 Spread 设为 0.82，在 Basic EmmitionSpeed Speed Attributes 中将 Speed 设为 13，将 Speed Random 设为 4，此时还要在其属性 Rate 进行关键帧动画处理，Rate 的动画曲线如图5-9所示：

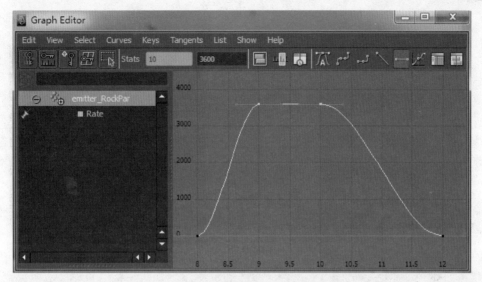

图 5-9

然后将粒子的渲染形态设为Spheres,将其Radius设为0.1,然后为粒子添加一每物体颜色属性,并将Color Green设为0.8,具体设置过程略,设置效果如图5-10所示：

然后我们选中粒子rockPar物体,为其添加一重力场gravityField和一紊乱场turblenceField,gravity属性维持不变即可,对于turblenceField进行如下设置,在Turbulence Field Attributes中将Magnitude设为40,将Attenuation设为0,将Frequency设为2,将NoiseLevel设为6,在Volume Control Attributes中将VolumeShape设为Cube,参数设置如图5-11所示：

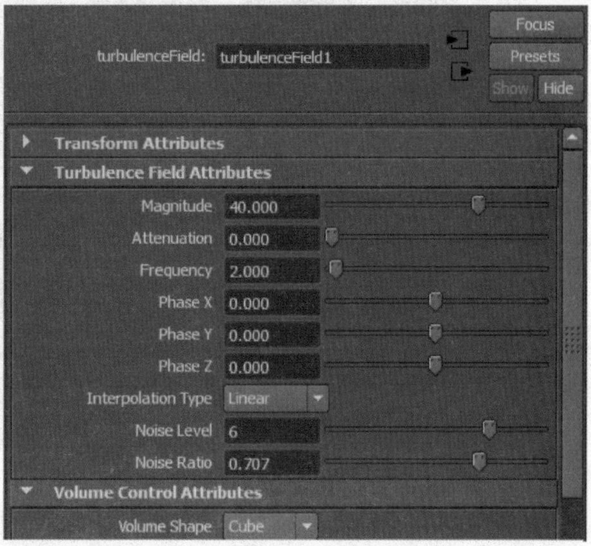

图 5-10

图 5-11

紊乱场 turblenceField 的摆放位置和缩放大小如图 5-12 所示：

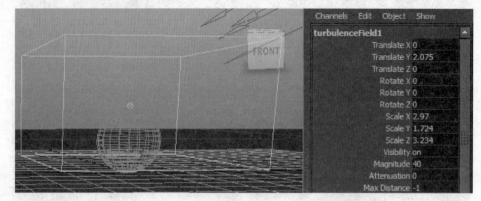

图 5-12

然后将场景中的地面物体作为粒子的碰撞物体，将碰撞的反弹值 ResilienceFactor 设为 0.185，将碰撞摩擦力 Friction 设为 0.27，碰撞偏移值设为－0.01，碰撞参数设置如图 5-13 所示：

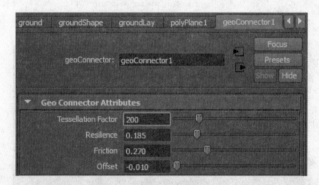

图 5-13

此时进行场景播放测试渲染截图如图 5-14 所示：

图 5-14

在动力学测试中如果感觉粒子和地面的碰撞幅度较小,可以适当提高地面的反弹值,在本例中笔者将其适当提高到 0.25,这样可以使模拟效果更好一些。以上参数仅供参考,请读者自己测试。

另外就是配合粒子的动力学模拟,我们需要回来重新调整炸弹物体和用来闪光的点光源物体的动画曲线,此时 PL_ForBombFlash 物体的动画曲线如图 5-15 所示:

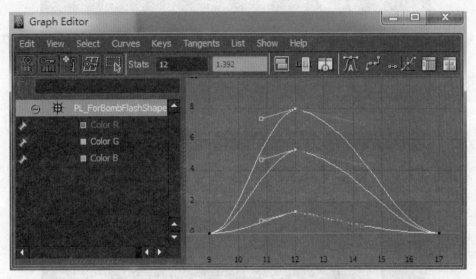

图 5-15

接下来在场景中还需准备一些碎块来进行粒子替换,从而模拟爆炸产生的碎片,这里可以将场景中的炸弹物体通过建模的方式来进行分割,但这里我们进行简化一下,使用了 rockGen 插件生成的石块进行模拟,关于 rockGen 的设置如图 5-16 所示:

此时生成的碎块在场景中的分布比较分散,如图 5-17 所示:

在粒子替代中替代物体的原始位置对于将来进行更复杂的控制至关重要,因此在这里需要先将所有碎块移到坐标系原点,并将其进行冻结处理(Freeze Transformations),然后为观察方便可以将其移开,效果如图 5-18 所示:

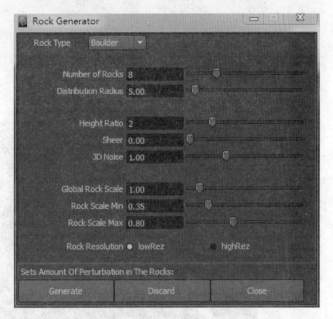

图 5-16

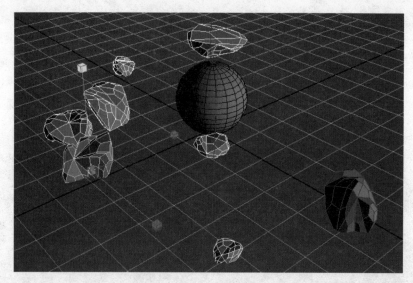

图 5-17

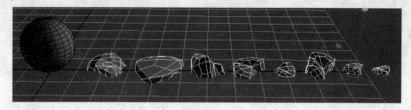

图 5-18

接下来进行粒子替代，可以依次选中 bolder1 至 bolder8 共 8 个物体，然后执行 Particles\Instancer(Repalcement)选项，在弹出设置选项中在 Particle Instancer name 中输入 instancer_rockPar，其余选项维持默认即可，设置效果如图 5-19 所示：

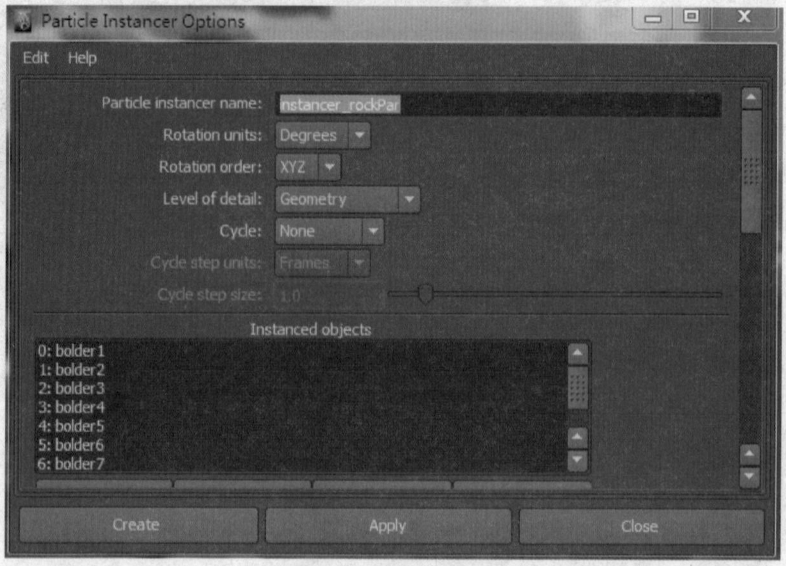

图 5-19

执行后场景中的粒子被替换成碎块,但是只有第一个碎块即 Bolder1 在起作用,此时我们为 rockPar 新建一每粒子浮点属性 cusInsObjIndexPP,设置效果如图 5-20 所示:

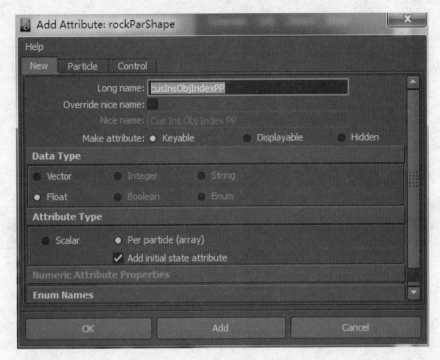

图 5-20

然后为新建属性 cusInsObjIndexPP 写入创建表达式(Creation Expression),表达式如下:

rockParShape.cusInsObjIndexPP = int(rand(0,8));

表达式输入效果与链接使用设置如图 5-21 和图 5-22 所示:

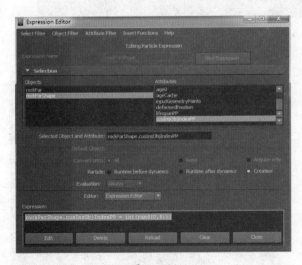

图 5-21

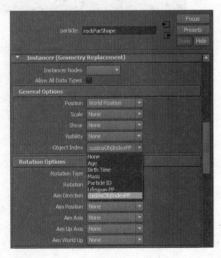

图 5-22

此时模拟场景后碎块的替代效果对比如图 5-23 所示：

图 5-23

此时替代的碎块体积较大，需要进行缩放处理，此处可以仅对表达式作处理。此时我们为粒子新建一每粒子矢量属性 cusInsObjScaleVecPP，创建过程略，结果如图 5-24 所示：

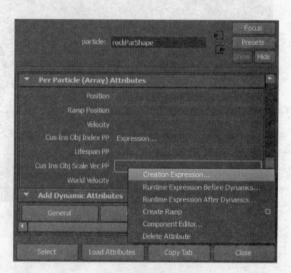

图 5-24

然后为新建属性cusInsObjScaleVecPP写入创建如下表达式：

rockParShape.cusInsObjScaleVecPP = <<rand（0.3, 0.55），rand（0.3, 0.55），rand（0.3, 0.55）>>；

表达式输入效果略，此时切换到rockPar粒子的属性Instancer（Geometry Replacement）卷展栏的General Options选项下，将Scale链接值由none切换为我们新建的属性cusInsObjScaleVecPP，效果如图5－25所示：

此时播放场景如图5－26所示：

此时粒子替换的碎块大小比较合适，在形态上我们还可以对其的旋转形态进行初步控制，为粒子新建一每粒子矢量属性，命名为cusInsObjRotVecPP，新建效果如图5－27所示：

然后为新建属性写入创建表达式，表达式如下：

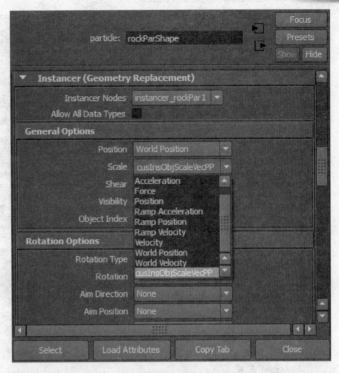

图 5－25

图 5－26

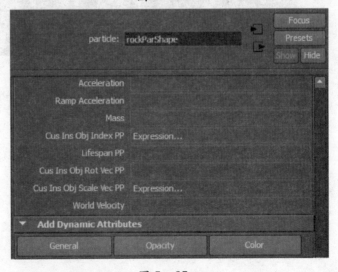

图 5－27

rockParShape.cusInsObjRotVecPP = <<rand(360), rand(360), rand(360)>>;

表达式输入过程略，然后继续切换到 rockPar 粒子的 Instancer（Geometry Replacement）卷展栏下的 Rotation Options 选项，将 Rotation 选项链接由原来的 none 改为 cusInsObjRotVecPP，设置效果如图 5-28 所示：

此时模拟场景效果如图 5-29 所示：

图 5-28

图 5-29

现在要实现替代碎块在炸开后的空中旋转效果，这可以通过为粒子新建属性 cusInsObjRotVecPP 执行运行表达式即可，但首先为粒子 rockPar 新建一属性 cusInsObjRotVecPlusPP，并为该属性赋予一常量，然后在粒子新建属性 cusInsObjRotVecPP 中每帧都加上该值即可，为该属性写入创建表达式如下：

rockParShape.cusInsObjRotVecPlusPP = <<rand(-6,6), rand(-6,6), rand(-6,6)>>;

然后为 cusInsObjRotVecPP 属性写入运行表达式，这里使用 Runtime bofore dynamics，表达式如下：

rockParShape.cusInsObjRotVecPP += rockParShape.cusInsObjRotVecPlusPP;

表达式输入效果如图 5-30 所示：

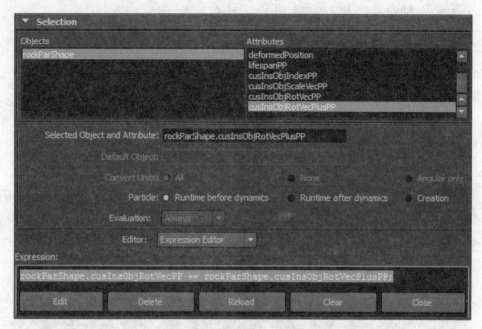

图 5-30

此时执行表达式后，会发现替代碎块发生旋转，比较符合实际，但此时在动力学模拟中出现了一个比较重要的不合常规的现象，就是碎块或粒子在和地面碰撞结束由于场的作用而无法停止下来，包括此时粒子一直在旋转中，这是不符合实际要求的，故我们要先解决这一问题。

解决这一问题可以按照如下思路进行：记在粒子速度达到一定值时我们将其永远地固定在某一位置，而此时则无论场是否起作用。故我们可以先为粒子定义两个属性，其一为 cusInsObjSpeedPP，是每粒子浮点属性，其主要是为每一帧都计算出粒子 Velocity 的模；属性二 cusInsObjPosVecPP，是每粒子矢量属性，其主要为了逐帧存储粒子的空间位置。属性的创建过程略，创建结果如图 5-31 所示：

首先为两新建属性 cusInsOb-

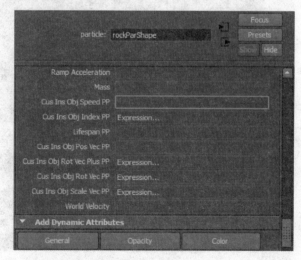

图 5-31

jSpeedPP 和 cusInsObjPosVecPP 写入动力学运行前表达式（Runtime before dynamics），表达式如下：

rockParShape.cusInsObjSpeedPP = mag(rockParShape.velocity);

if(rockParShape.cusInsObjSpeedPP ! =0)

{

rockParShape.cusInsObjPosVecPP = rockParShape.position;

}

else

{

rockParShape.position = rockParShape.cusInsObjPosVecPP;

}

上述表达式的含义：（动力学执行前）首先为粒子的 Velocity 矢量取模并将该值赋予 cusInsObjSpeedPP，如果该值不为 0，则将此时的粒子的空间位置 position 矢量赋予属性 cusInsObjPosVecPP（即将粒子的空间位置信息存贮起来）；如果 cusInsObjSpeedPP 为 0，则将 cusInsObjPosVecPP 存贮的信息赋值给粒子的 position 属性，表达式输入效果如图 5－32 所示：

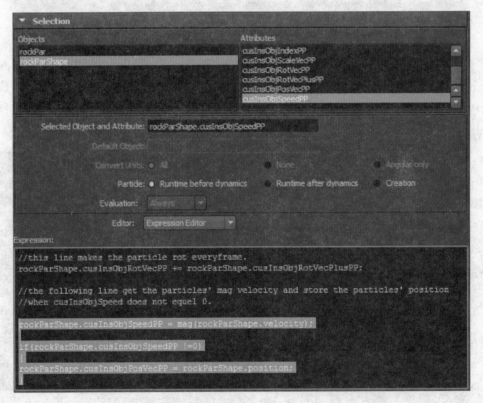

图 5－32

然后我们继续为两个属性写入动力学运行后表达式（Runtime after dynamics），表达式输入如下：

vector $posPP = rockParShape.position;

rockParShape.cusInsObjSpeedPP = mag(rockParShape.velocity);

if(rockParShape.cusInsObjSpeedPP<0.2 && $posPP.y < 0.15)

{

rockParShape.velocity = <<0,0,0>>;

}

上述表达式的含义是：（动力学执行后）首先将粒子空间位置信息存贮在变量 posPP 中，并将粒子的速度 Velocity 取模赋予变量 cusInsObjSpeedPP，然后我们设定两个变量条件 cusInsObjSpeedPP<0.2 并且 $posPP.y < 0.15 时，将粒子的 Velocity 设为《0,0,0》，表达式输入效果如图 5-33 所示：

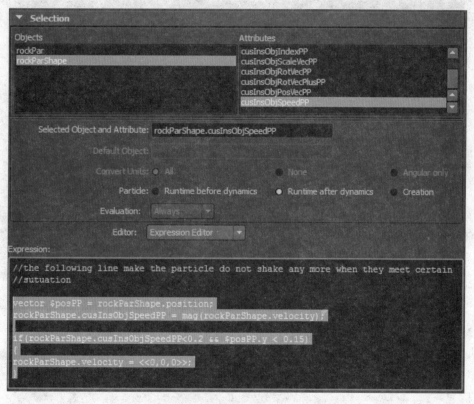

图 5-33

此时播放场景，会发现粒子或碎块在空间中没有任何的抖动了，但由于旋转属性的表达式作用而使粒子不断地旋转，故我们可以利用表达式来解决该问题，可以将表达式 ParShape.cusInsObjRotVecPP += rockParShape.cusInsObjRotVecPlusPP 进行如下修改：

rockParShape.cusInsObjRotVecPP

+= rockParShape.cusInsObjRotVecPlusPP * (mag(rockParShape.velocity)/2);

修改效果如图 5-34 所示：

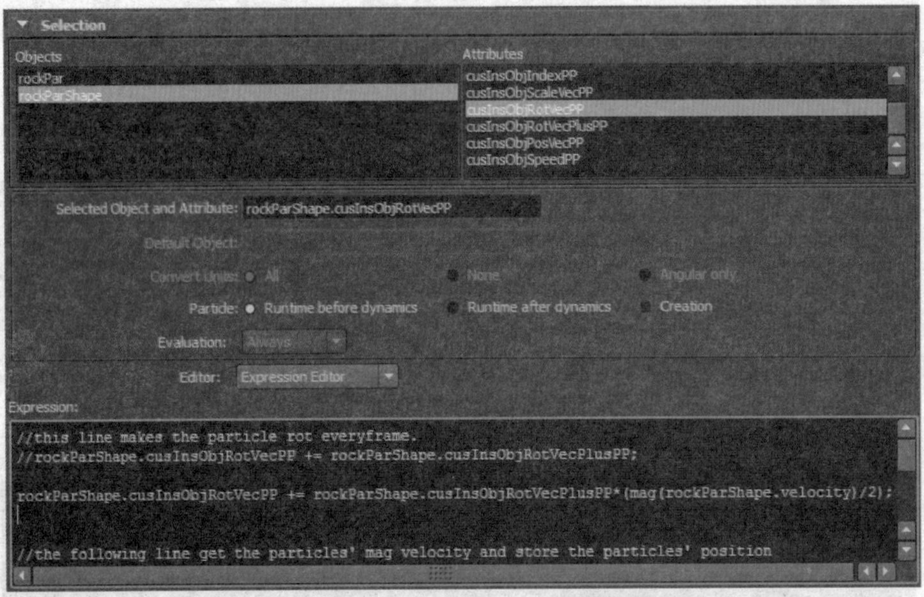

图 5-34

此时模拟场景，碎块物体的抖动以及旋转问题都得以解决，效果如图 5-35 所示：

另外此处关于粒子的空间位置的设定问题我们在射箭章节也有过讲述，请读者掌握。接下来我们将讲述烟雾的制作。

在烟雾制作中首先要使用 rockPar 作为发射体来发射烟雾粒子，首先选中 rockPar，然后执行 Particle\Emit from Object，播放场景显示如图 5-36 所示：

此时首先将新发射粒子命名为 smokePar，然后将相应的发射器命名为 emitter_smokePar，调整发射器 emitter_smokePar 的属性，属性调整如图 5-37 所示：

图 5-35

图 5-36

此时场景中粒子发射效果如图 5-38 所示：

图 5-37　　　　　　　　　　　　　图 5-38

选中该粒子并为其添加一 Turbulence 场，紊乱场的参数设置如图 5-39 所示：

此时场景模拟现实效果如图 5-40 所示：

图 5-39　　　　　　　　　　　　　图 5-40

此时我们要激活粒子 rockPar 的每粒子发射属性，选择 rockPar，执行 particle\Per-Point Emission Rates，此时再播放场景，则场景中不会有 smokePar 粒子了。此时选中 rockPar 粒子，在属性 Per Particle(Array) Attributes 中会发现新属性 Emitter Smoke ParRatePP 属性，我们可以利用表达式来控制它，表达式如下：

rockParShape.emitter_smokeParRatePP = 6 * mag(rockParShape.velocity);

输入效果如图 5-41 所示：

这样在粒子速度 Velocity 为 0 时，则不再发射 smokePar，当然我们也可以利用判断语句，让 rockPar 粒子的速度或空间位置小于一定数值时就不再发射粒子，另外该表达式也写在动力学执行后(Runtime after Dynamics)，在控制中我们为了使 smokePar 尽量不和地面接触，可以利用如下表达式替代：

if($ posPP.y >0.15)

{

rockParShape.emitter_smokeParRatePP = 6 * mag(rockParShape.velocity);

}

else

{

rockParShape.emitter_smokeParRatePP = 0;

}

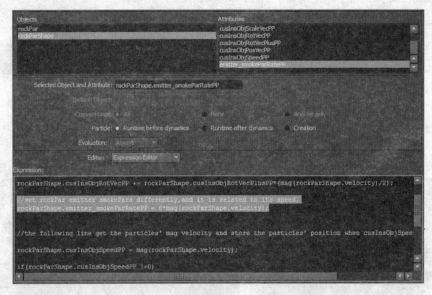

图 5-41

表达式输入效果如图 5-42 所示：

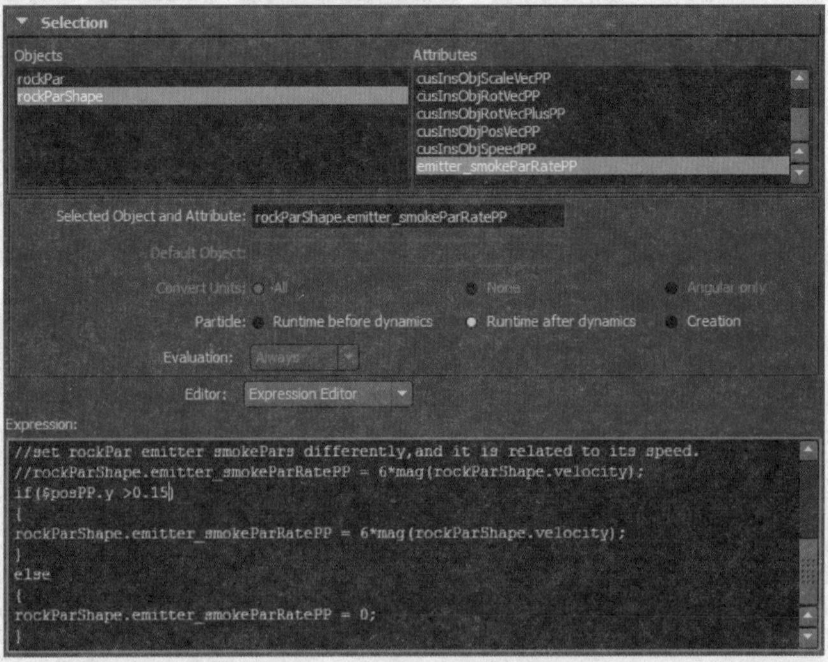

图 5-42

此时播放场景，则 smokePar 粒子会尽量远离地面了，播放效果略，接下来我们将调整 smokePar 粒子的形态使其更像烟雾。首先调整选中 smokePar，将粒子渲染形态设为 Cloud(s/w)，并为其增加一每物体颜色属性，将 RGB 值全部设为 0.7，将 Radius 设为 1，属性设置效果如图 5-43 所示：

场景模拟显示效果如图 5-44 所示：

此时我们需要为粒子 smokePar 增加三个内建属性，分别是 incandencePP、radiusPP 和 opacityPP，其中 incandencePP 和 radiusPP 通过 Add Attributes 编辑面板中的 Particle 列表中增加，添加过程如图 5-45 所示：

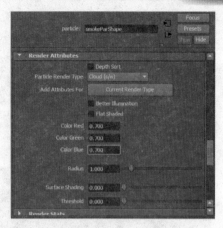

图 5-43

图 5-44

而 smokePar 的 opacityPP 则通过 Add Dynamic Attributes 卷展栏中的 Opacity 按钮添加，设置过程如图 5-46 所示：

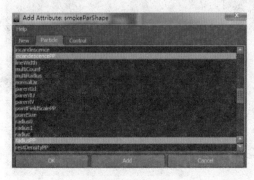

图 5-45

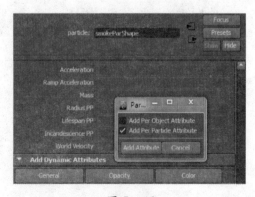

图 5-46

接下来先对 smokePar 粒子的 radiusPP 进行 Ramp 贴图控制，方法是鼠标右击 RadiusPP 选项后面的空白处，在弹出的背景菜单中执行 Create Ramp，过程如图 5-47 所示：

在弹出的 CreateRampOptions 对话框中维持默认选项即可，设置如图 5-48 所示：

将新建的 Ramp 贴图命名为 ramp_forSmokeRadiusPP 并调整，效果如图 5-49 所示：

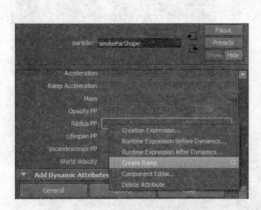

图 5-47

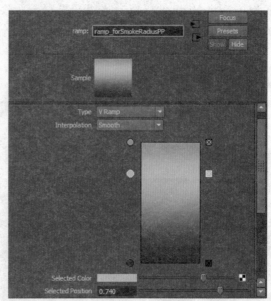

图 5-49

图 5-48

图 5-50

此时播放场景效果如图 5-50 所示：

为 smokePar 的 opacityPP 创建一新的 Ramp 贴图，将贴图重新命名为 ramp_forSmokeOpacityPP，贴图的初步调整效果如图 5-51 所示：

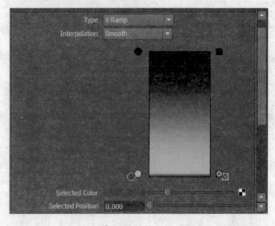

图 5-51

此时场景测试效果如图 5-52 所示：

图 5-52

此时为 smokePar 粒子的 incandencePP 属性创建一新的 ramp 贴图，贴图效果调整如图 5-53 所示：

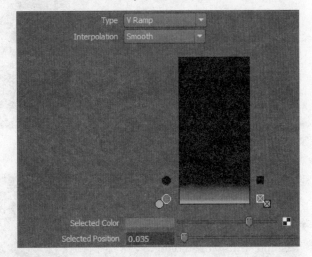

图 5-53

此时模拟测试场景如图 5-54 所示：

图 5-54

此时要先进行一下测试渲染，效果如图 5-55 所示：

图 5-55

在渲染后我们发现对于烟雾的调整并没有起作用,这是由于我们调节的 smokePar 的材质是硬件材质,可以在场景中即时显示,但是不能被 CPU 所渲染,故此时需要在场景中新建一 particleCloud 材质,将其重新命名为 particleCloud_forSmokePar,在 Common Matwrial Attributes 面板中将 Color 设为浅灰,RGB 值设为 0.75 左右,然后将该材质球赋予 smokePar 粒子,particleCloud_forSmokePar 材质的初步参数设置如图 5-56 所示:

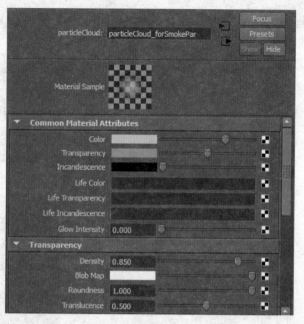

图 5-56

此时渲染场景如图 5-57 所示。

打开 HyperShade,在 Hypershade 窗口中新建一 particleSample 节点,并将该节点重新命名为 parSamplerInfo_forSmokePar,然后利用连接器(Connection Editor)在 parSamplerInfo_forSmokePar 和 particleCloud_forSmokePar 之间做一链接,过程如图 5-58 所示:

图 5-57

此时渲染测试场景如图 5-59 所示。

图 5-58

图 5-59

然后继续在 Hypershade 中创建一 reverse 节点，并将其命名为 reverse_forSmokePar，将 parSamplerInfo_forSmokePar 采样节点的 opacityPP 链接到 reverse_forSmokePar 的 inputX、inputY、inputZ 上，如图 5-60 所示：

然后将 reverse_forSmokePar 的输出链接到 particleCloud_forSmokePar 的 Transparency 上，过程略，此处使用反转节点是由于粒子的 opacity 属性与材质的 transparency 属性定义相反，结果如图 5-61 所示：

渲染场景效果如图 5-62 所示：

接下来我们对喷出的烟雾做出辉光的效果，辉光效果可以利用材质球 particleCloud_forSmokePar 的 Glow Intensity 实现，方法是首先要为粒子 smokePar 指定一新属性，这里之所以是制定而不是另建，其关键在于在 Maya 的粒子系统中 Maya 为粒子内建了许多属性，我们有时可以直接拿来使用，并且当我们想使用其和另外的节点属性相连时，比如在本例中我们的目的就是在 smokePar 粒子自身属性上指定一自发光属性，然后让其和材质 particleCloud_forSmokePar 的 Glow Intensity 相连，则此处我们必须使用 smoke-

图 5-60

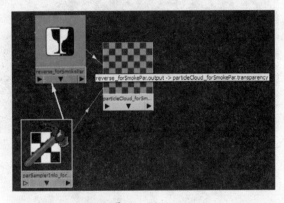

图 5-61

图 5-62

Par 的内建属性，通过点击 smokePar 粒子属性的 Add Dynamic Attributes 卷展栏中的 General 按钮，在弹出菜单中选择 Aprticle 列表，然后找到以 user 开头的属性，如我们这里使用的是 userScalar1PP，过程如图 5-63 所示：

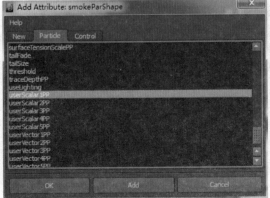

图 5-63

然后为新建属性指定一 ramp 贴图,ramp 贴图命名为 ramp_forSmokeParGlowPP,贴图属性调整如图 5-64 所示:

指定贴图后还需要利用属性连接器将 parSamplerInfo_forSmokePar 采样节点的 userScalar1PP 链接到 particleCloud_forSmokePar 的 Glow Intensity 上,链接效果如图 5-65 所示:

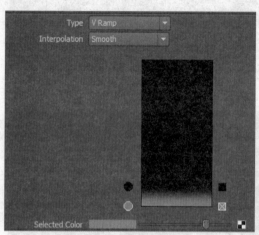

图 5-64　　　　　　　　　　图 5-65

此时渲染场景如图 5-66 所示:

图 5-66

将爆炸模拟向后播放,如第 65 帧渲染效果如图 5-67 所示:

在图 5-67 所示的渲染中我们会发现烟雾与碎块之间有断续的存在,解决方法之一是利用 rockPar 再重新发射一段烟雾粒子,以便我们将中间的空隙填补上。首先选择

rockPar，然后执行 Particles\Emit from Object，我们将新生成的粒子命名为 FlamePar，将相应的发射器命名为 emitter_flamePar，具体过程略，此时播放场景效果如图 5－68 所示：

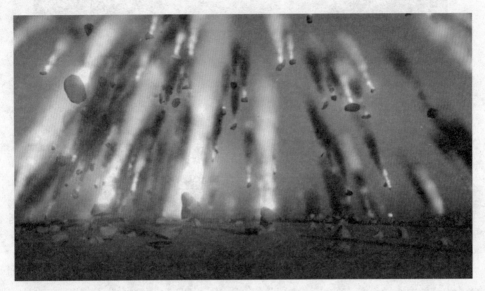

图 5－67

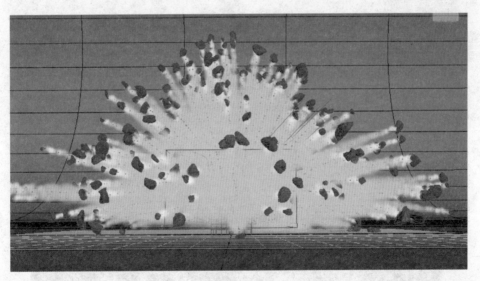

图 5－68

由于 flamePar 的目的是为了弥补 smokePar 和替代碎块之间的空隙，故 flamePar 的生命值不应过长，本处设为 0.2 和 0.05，设置效果如图 5－69 所示：

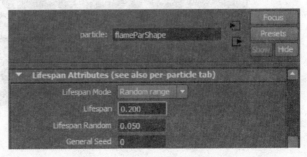

图 5－69

初步模拟效果如图 5-70 所示：

图 5-70

为了控制 flamePar 的发射属性，我们还要激活其发射器 emitter_flamePar 的每粒子发射属性，然后为 rockPar 的 EmitterFLameParRatePP 写入动力学执行后表达式，表达式如下：

if($posPP.y >0.35)

{

rockParShape.emitter_flameParRatePP = 6 * mag(rockParShape.velocity);

}

else

{

rockParShape.emitter_flameParRatePP = 0;

}

过程类似于前面针对 smokePar 的控制方式，输入效果如图 5-71 所示：

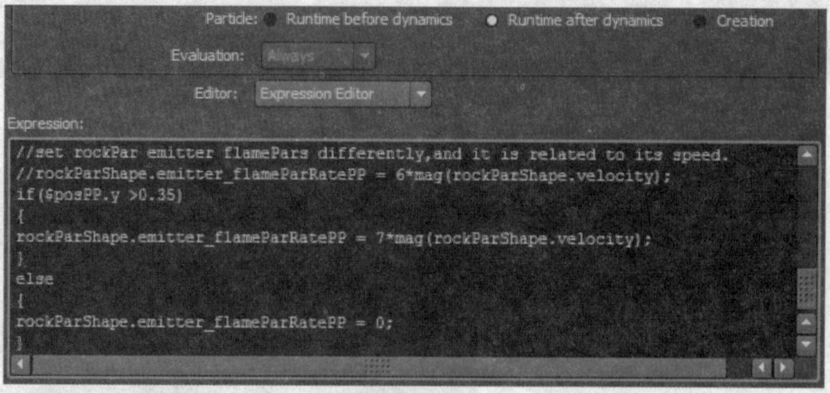

图 5-71

此时播放场景效果如图 5-72 所示：

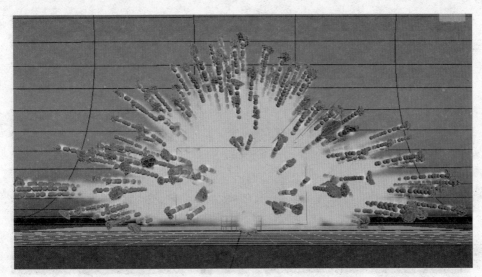

图 5-72

接下来就是对 flamePar 进行形态控制了，至于 flamePar 的形态的详细控制过程本文就不再详细阐述了，我们可以选取某一帧（如第 29 帧）的渲染对比来观察其在最终爆炸破碎效果中的作用，图 5-73 是单独 smokePar 在场景中时的效果：

图 5-73

图 5-74 是单独 flamePar 在场景中时的效果：

图 5-75 是 smokePar 和 flamePar 在场景中同时渲染的效果：

flamePar 在场景中除了可以弥补 smokePar 的不连续的缺陷之外，还可以对 smokePar 材质的辉光效果起到一定的压抑作用，另外在制作中也可以将辉光效果在 flamePar 中体现出来，至于制作过程在此略。至此本例基本制作完毕，关于 particleCloud 材质调节方法本文也不再详细阐述,请读者参考相关资料。

图 5-74

图 5-75

第6章 扫 射

本章我们主要讲述在三维动画制作中较简易的飞机俯冲扫射特效的制作方法,其制作中首先对飞机扫射的画面视角进行分析,之后再决定采用 Sprite 粒子的实现方法,图 6-1 序列是我们的截图:

图 6-1

在扫射特效动画制作之前首先我们需要完成相应的飞机俯冲动画和镜头摇动动画,这只需简单的路径动画和关键帧动画即可,在此不详细阐述,图6-2是场景的地面和飞机的行进方向示意展示:

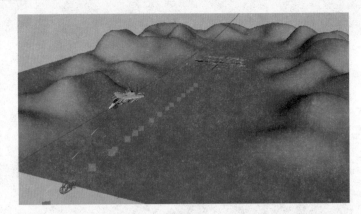

图6-2

在制作中先分析扫射动画的几个关键部分:首先是飞机发射炮弹粒子,然后是炮弹粒子与地面碰撞产生烟雾与碎片,并同时在地面上留下射击孔(洞)的印迹。故据此分析我们先进行飞机的炮弹粒子的制作。

首先选中飞机,在机腹下有两个机枪的枪管,如图6-3所示:

图6-3

在两个枪管内部各预留了一个面用来做粒子发射器,此时我们先选择其中的一个执行particles\Emit form Object,将emitter命名为emitter_parBullet1,将Emitter Type设为Surface,将Rate设为10,将Speed设为130,设置效果如图6-4所示:

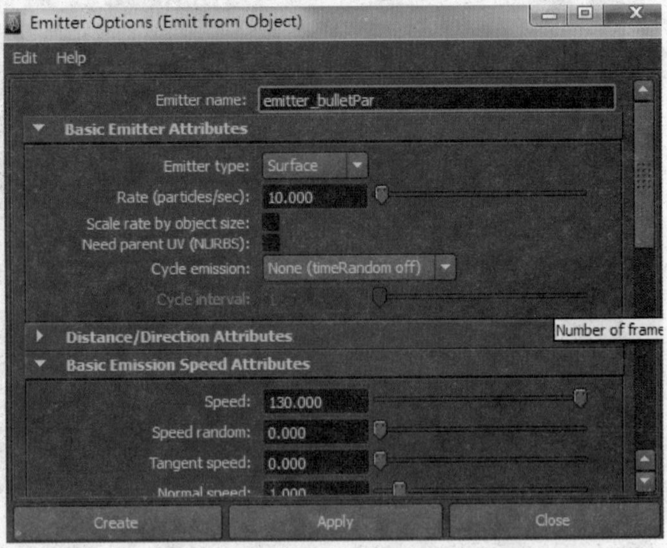

图6-4

然后选择其发射的粒子，将粒子命名为 par_bullet，在粒子的属性编辑器中在 Emission Attributes 卷展栏中将 Inherit Factor 属性改为 1，表示粒子将会继承发射器的速度，然后在 Render Attributes 卷展栏中将粒子的渲染形态设为 Streak，其余属性暂时维持不变，设置效果如图 6-5 所示：

此时场景的粒子发射效果如图 6-6 所示：

此时场景中的炮弹粒子存在两个问题需要解决，其一是颜色，其二是发射时间，在颜色上我们需要将其调整为一种炙热的颜色，在发射时间上我们要控制飞机只在地面山地较平坦的地方发射。

首先解决颜色问题，为 par_bullet 粒子添加一每颜色属性，具体方法略，然后在新加的 rgbPP 属性利用一 ramp 贴图控制，将贴图重新命名为 ramp_forParBullet，贴图调整效果如图 6-7 所示：

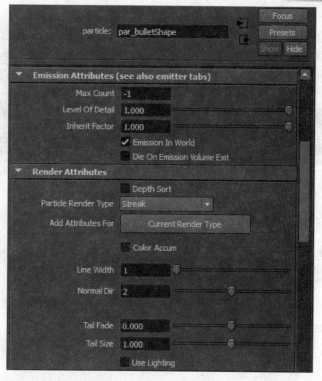

图 6-5

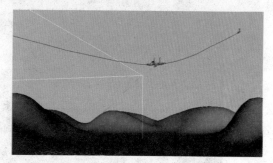

图 6-6

此时渲染场景如图 6-8 所示：

接下来我们要控制粒子的发射时机，使粒子尽量发射到地面的平坦位置，此时只需对发射器的 rate 进行关键帧控制即可，粒子发射器 emitter_parBullet1 的 rate 关键帧效果如图 6-9 所示：

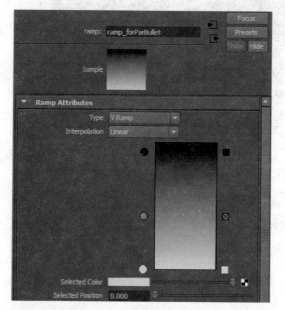

图 6-7

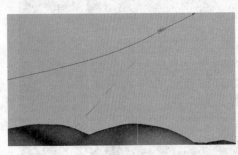 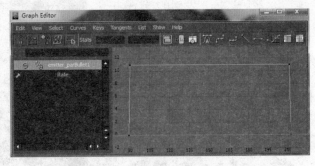

图 6-8　　　　　　　　　　　　图 6-9

由于在机腹下面有两个枪管，而至此才完成一个枪管的发射效果，故我们还需完成另一个枪管的粒子发射。首先选中另一个枪管内部预留的发射平面，并执行 Particles\Emit form Object，发射参数维持上一次的不变，只是将名称更改为 emitter_parBullet2，具体过程略。

此时场景中会出现新的粒子物体 particle1，此时我们要删除 particle1 物体，但是利用动力学关系连接器将 par_bullet 也和发射器 emitter_parBullet2 相连，链接过程如图 6-10 所示：

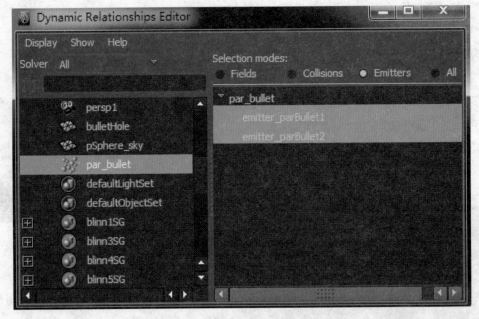

图 6-10

此时我们还需对发射器 emitter_parBullet2 的发射率 rate 进行修改，可以借鉴 emitter_parBullet1 的关键帧设置来为其进行关键帧动画处理，可以拷贝 emitter_parBullet1 的 rate 动画曲线给 emitter_parBullet2，也可以重新进行手动 Key 帧，在此不再详细阐述，emitter_parBullet2 的发射率 rate 的动画曲线如图 6-11 所示：

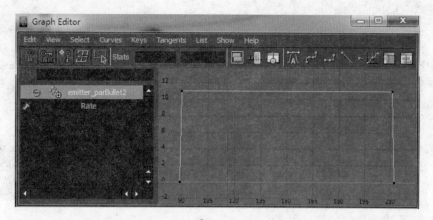

图 6-11

此时模拟场景则炮弹粒子的发射效果如图 6-12 所示：

接下来要实现炮弹粒子和地面的碰撞，首先选中场景中的 par_bullet 粒子，然后选中 nP_Collide 平面，执行 particles\Make Collide，在弹出菜单中将 Reslilience 设为 0，其余参数不变即可，设置效果如图 6-13 所示：

图 6-12

图 6-13

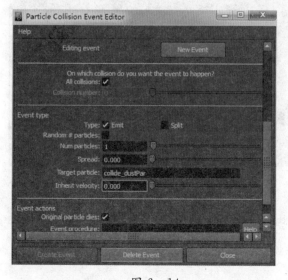

然后我们执行 Particles\Particle Collision Event Editor，在弹出的设置编辑窗口中将 Event type 设为 Emit，Num particles 设为 1，Spread 设为 0，Target Particle 中输入 collide_dustPar，将 Inherit velocity 设为 0。在 Event actions 卷展栏中将 Original particle dies 勾选，设置效果如图 6-14 所示：

此时场景中新生成了 collide_dustPar 粒子，选择该粒子，将其渲染形态设为 Sprtie，此时播放场景效果如图 6-15 所示：

图 6-14

子弹扫射地面的初步效果基本完成,我们在此使用 sprite 粒子形态进行渲染是为了在其上进行序列帧贴图,在序列帧贴图上来实现碰撞后的碎片与烟尘,而碎片与烟尘的效果需要我们另外实现。我们先将场景保存,然后另建新的场景来实现碎片与烟尘的效果。

图 6-15

首先我们实现一单粒子烟雾的效果,在新建场景中创建一新的发射器,发射器命名为 emitter_forSingleSmoke,发射器类型设为 Omni,Rate 值设为 2 000,在 Basic Emission Speed Attributes 中将 Speed 和 Speed random 均设为 0,设置效果如图 6-16 所示:

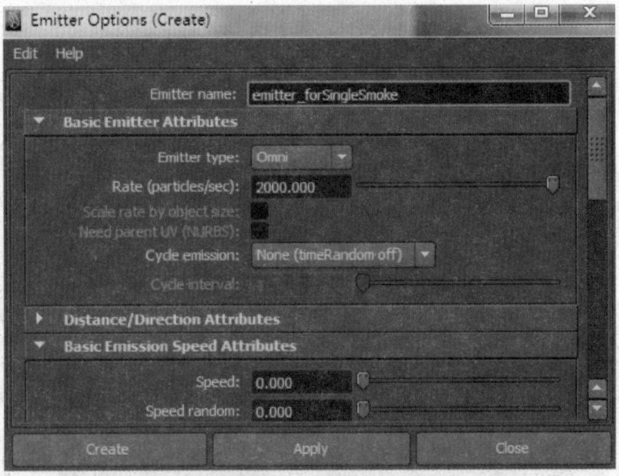

此时不要急于发射粒子,将新产生的粒子 particle1 重新命名为 parSingleSmoke,并打开粒子的属性编辑面板,将 Emission Attributes 卷展栏下的 Max Count 由 -1(无穷)改为 1(场景中只有一个粒子),然后将 Render Attributes 卷展栏下的 Particle Render Type 由 points 改为 Cloud(s/w),设置效果如图 6-17 所示:

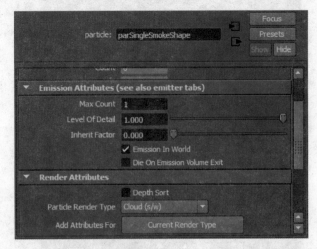

图 6-16

图 6-17

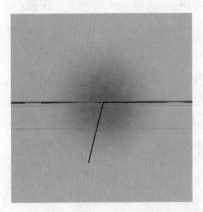

图 6-18

此时播放场景则场景中只有一个云粒子,效果如图 6-18 所示:

将场景播放范围调整到 0—50 帧，然后将 parSingleSmoke 的属性编辑器中的 Time Attributes 卷展栏中的 Start Frame 设为 0，即让该粒子的动力学模拟从第 0 帧开始，具体设置过程略。

接下来调整场景的渲染属性，打开场景的渲染设置面板，将场景设为序列帧的渲染模式，渲染帧数范围设为 1 至 50 帧，将场景的渲染尺寸设为 512X512，渲染质量设为产品级（Production），其他参数维持默认即可，具体设置过程略，此时渲染场景如图 6-19 所示：

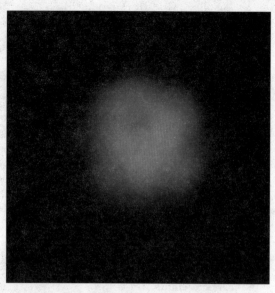

图 6-19

此时需要调整 parSingleSmoke 的材质，首先为其指定新的 particleCloud 材质，并将材质命名为 particleCloud_smoke，然后调整该材质的参数。

首先在 Common Material Attributes 卷展栏中将 Color 颜色值设为亮白色，HSV 值可为【0,0,0.9】，Transparency 的 HSV 值可设为【0,0,0.6】；在 Transparency 卷展栏中将 Density 值设为 0.5，将 Roundness 设为 0.25，particleCloud_smoke 材质的设置属性如图 6-20 所示：

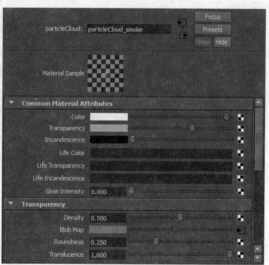

图 6-20

在 particleCloud_smoke 材质的 BlobMap 属性中指定一 SoloidFractal 贴图，并将该贴图重新命名为 solidFractal_forParticle_Blob，贴图属性设置如图 6-21 所示：

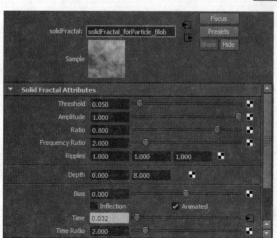

图 6-21

在 solidFractal_forParticle_Blob 的 Time 属性上使用了简单的表达式："solidFractal_forParticle_Blob. time = time/30;"，接下来还要对 particleCloud_smoke 材质的 Built-in Noise 和 Surface Shading Properties 属性进行调节，材质调节效果如图 6-22 所示：

对于 particleCloud_smoke 材质的 Built-in Noise 卷展栏中 NoiseFreq 和 Noise Anim Rate 属性分别使用了表达式："particleCloud_smoke. noiseFreq = rand（0.15, 0.2）;" 和 "particleCloud_smoke. noiseAnimRate = time * 5;"，具体输入过程略，此时渲染场景中的单粒子，效果如图 6-23 所示：

当我们播放场景时，每帧的单粒子渲染效果都不同，此时需要对场景进行批渲染，我们将渲染范围设置为 1 至 50 帧，渲染图片格式设为 Maya 的 iff 格式，渲染大小设为 512×512，具体的渲染设置我们不再详述，图 6-24 是渲染出的序列图：

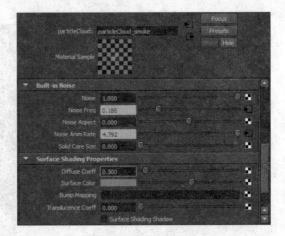

图 6-22

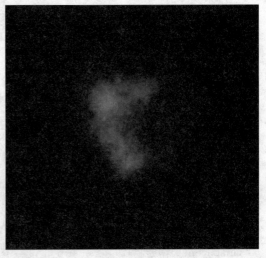

图 6-23

图 6-24

在图 6-24 渲染出的单粒子烟雾图片是为了在下一场景中的子弹撞击地面产生的碎片和烟雾中使用。接下来新建另一场景，首先将模拟帧范围设为 1 至 48 帧，将场景的 Playback speed（播放速度）设为 24（fps）。在渲染属性中使用 Maya 的 Software 渲染器，将渲染质量设置为 Production quality，尺寸设为 512×512，图像格式可以设为 tiff，具体渲染设置过程略。其中为了使透视相机的透视效果减弱一些，可以将透视相机的 Focal Length 由原来的 35 更改为 70，具体修改过程略。

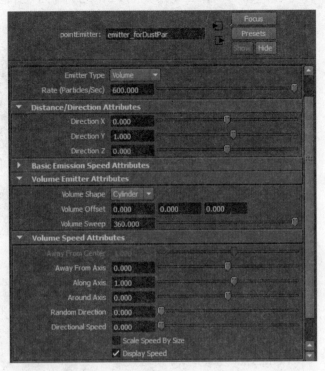

图 6-25

然后我们在场景中创建一粒子发射器，将发射器 emitter 重新命名为 emitter_forDustPar，将其发射的粒子命名为 dustPar。然后调整发射器 emitter_forDustPar 的发射类型为 volume，发射方向为 Y 轴向上，将 Away From Axis（远离轴向）设为 0，而将 Along Axis（朝向轴向）设为 1，初步的粒子发射器的设置效果如图 6-25 所示：

粒子发射初步效果如图 6-26 所示：

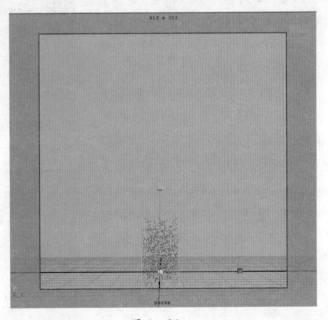

图 6-26

在图 6-26 显示中，粒子较多且速度较慢，并且发射面积较大，因此我们可进行一下调整，首先将为发射器 emitter_forDustPar 的 Rate 属性做关键帧处理，并将其体积缩小，然后为粒子 dustPar 添加一 VolumeAxis（体积轴向场）。

首先 emitter_forDustPar 的 Rate 的动画曲线如图 6-27 所示：

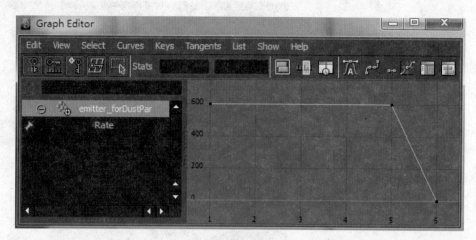

图 6-27

将体积轴向场重新命名为 volumeAxis_forDustPar1，将其 Magnitude 设为 6，将 Attenuation 设为 0，将 AlongAxis 设为 20，其余参数维持默认即可，体积轴向场的大小进行缩放，使其尽量充满我们即将渲染的空间，具体设置过程略，volumeAxis_forDustPar1 的显示以及场景播放效果如图 6-28 所示：

在图 6-29 显示的图示中，粒子过于集中向上运动，可以另加一体积轴向场使其产生分散效果。选中粒子添加另一体积轴向场，并将其命名为 volumeAxis_forDusPar2，该轴向场的作用是使粒子沿轴的方向扩散运动，因此需要将其 Volume Speed Attributes 属性中的 Along Axis 关闭，即设为 0，而将 Away From Aixs 属性设置为较大的数值，如 25，并同时适当调整 Magnitude 数值，如设为 5，具体设置过程略，体积轴向场 volumeAxis_forDusPar2 大小以及播放场景效果如图 6-29 所示：

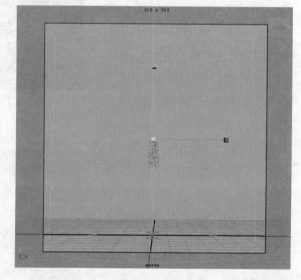

图 6-28

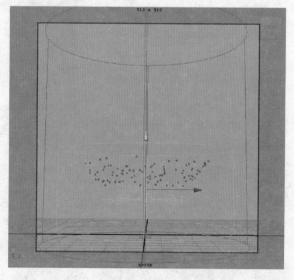

图 6-29

此时继续深入调整场景,首先将在场景中起发散作用的 volumeAxis_forDusPar2 做一个上移动画(沿 Y 轴),然后在动画曲线上进行一下调整,其目的在于该场略微匹配一下粒子的向上移动,从而粒子 dusPar 是在上升中向外扩散的,具体的匹配过程请读者仔细调试,其 Y 轴动画曲线如图 6-30 所示:

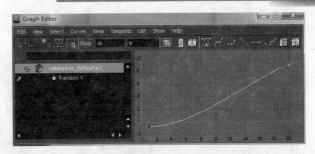

图 6-30

然后为粒子 dustPar 继续添加一 turbulence(紊乱场),并将其命名为 turbulence_fordustPar1,将该紊乱场的 Magnitude 设为 30,Attenuation 设为 0,Frequency 设为 2,PhaseY 设为 1,NoiseLeve 设为 6,其余参数维持不变,具体参数设置效果如图 6-31 所示:

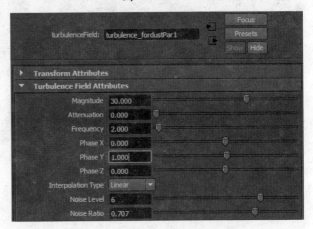

图 6-31

关于紊乱场 turbulence_fordustPar1 的空间位置请读者尝试,一般情况下离 dustPar 出生比较近的位置时起的作用越明显,此时场景基本模拟效果如图 6-32 所示:

接下来需要调整粒子 dustPar 的形态来实现烟雾效果。首先将粒子的渲染形态设为 Sprites,并勾选 Depth Sort 选项,设置效果如图 6-33 所示:

此时场景显示如图 6-34 所示:

接下来深入调整 Sprite 粒子形态,首先为 dustPar 粒子的 Sprite 形态添加一些新属性,分别是 SpriteScaleXPP、SpriteScaleYPP、SpriteNumPP 和 OpacityPP,添加过程略,添加效果

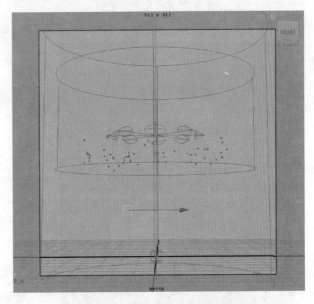

图 6-32

图 6-33

如图6-35所示：

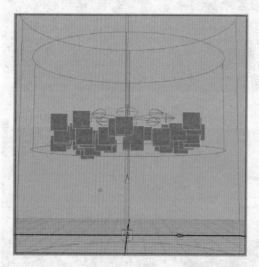

图 6-34

图 6-35

首先对粒子的大小进行控制，先为 SpriteScaleXPP 属性指定一 ramp 贴图，将该贴图重新命名为 ramp_forSpriteXYScalePP，该贴图我们也会将其使用在 SpriteScaleYPP 属性上，该贴图的调整效果如图 6-36 所示：

此时模拟场景效果如图 6-37 所示：

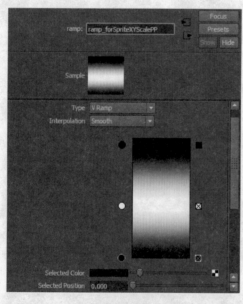

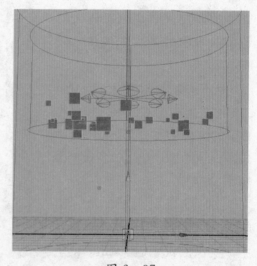

图 6-36

图 6-37

接下来对粒子的透明属性进行控制，为其在 opacityPP 属性上指定一 ramp 贴图，并将其重新命名为 ramp_forSpriteOpacityPP，贴图的调整效果如图 6-38 所示：

此时播放场景效果如图 6-39 所示：

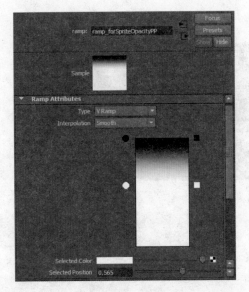
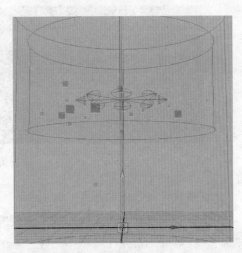

图 6-38　　　　　　　　　　图 6-39

如果对 dustPar 粒子的渐隐效果满意,则接下来可以调节粒子的云雾形态了。选中 dustPar 粒子并为其指定一 lambert 材质,将该材质重新命名为 lambert_dustPar,在其 color 属性上指定一 file 位图文理贴图,该 file1 节点的载入文理即是我们前面渲染的 50 帧单粒子烟雾图片。在 file1 节点设置中首先开启 Use Image Squence 属性,并将 Image Number 属性删除其表达式控制方式,而使用关键帧处理序列图的载入问题,动画曲线效果如图 6-40 所示:

file1 节点设置效果如图 6-41 所示:

此时播放场景后会发现 dustPar 粒子过小,解决方法其一是直接调整 ramp_forSpriteXYScalePP 贴图的白颜色的强度,即 V 值,也可以调整相应的 arrayMapper 值,即 Array Mapper Attributes 的 Max Value 值,如本例中即是将

图 6-40

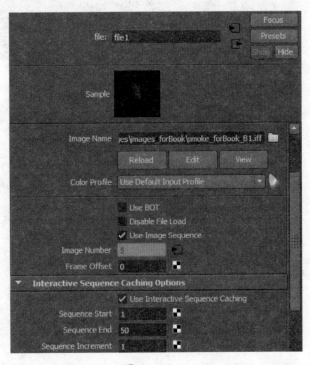

图 6-41

Max Value 值设为了 5,设置效果如图 6-42 所示:

图 6-42

此时播放场景效果如图 6-43 所示:

在烟雾效果基本设置完毕后接下来要实现爆炸后的碎片效果。首先在场景中创建一新的发射器,其位置和原烟雾发射器的位置相匹配即可,命名为 emitter_forDebrisPar,发射类型 Emitter Type 设为 Directional,在发射率上还是利用关键帧动画控制,如 1 至 6 帧以 600/秒的速度发射,而第 7 帧以后则不再发射,关键帧动画如图 6-44 所示:

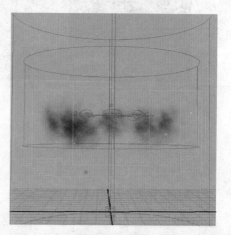

图 6-43

将发射方向 Direction Y 设为 1,其余值设为 0;Spread(扩散值)设为 0.3 左右即可,如本例中使用 0.285;将 Speed 和 SpeedRandom 设为 28 和 13。参数设置如图 6-45 所示:

此时播放场景如图 6-46 所示:

图 6-44

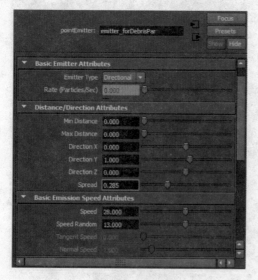

图 6-45

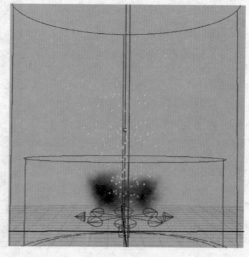

图 6-46

在模拟中我们会发现粒子会一直向上运动，故需要做出调整，首先将生命值由 Lifespan Mode 设为 Random range，并将值 Lifespan 设为 0.8，将 Lifespan Random 设为 0.25，此时还需为该粒子添加一重力场从而使粒子在上升到一定高度后下降，此时如果粒子速度还是太快冲出我们的渲染范围，可以适当地将粒子的 Conserve 值调低，如本例中调整为 0.95，并同时适当增大重力场的 Magnitude 值，如本例中调整为 25，如果感觉场景中的 debrisPar 粒子过多，可以修改其 Rates 动画曲线，也可以调整 Level of Detail 值，如本例中将其设为 0.45。以上关于 debrisPar 粒子的属性设置效果及场景模拟效果如图 6-47 所示：

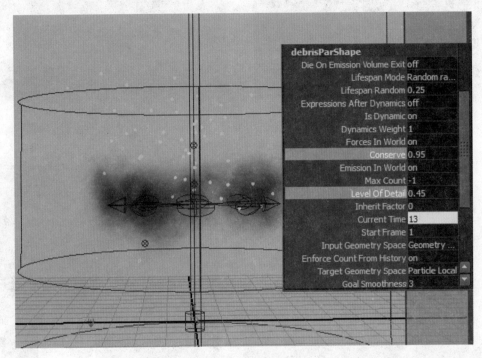

图 6-47

此时也可以为 debrisPar 添加一紊乱场来使其运动形态得以更加丰富，但紊乱场的强度不宜调得过大，如图 6-48 是紊乱场的参数设置效果：

此时继续调整 debrisPar 粒子的渲染形态，将 ParticleRenderType 设为 MultiStreak，其余参数设置效果如图 6-49 所示：

此时场景模拟效果如图 6-50 所示：

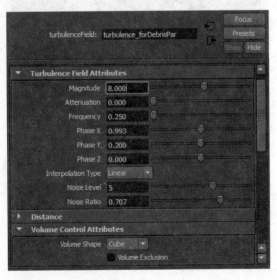

图 6-48

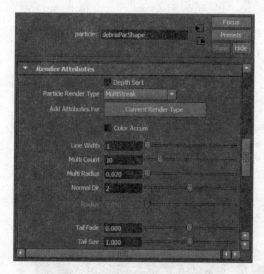

图 6-49

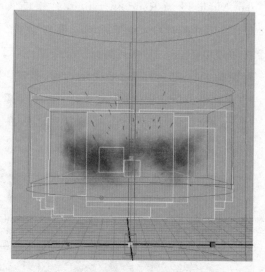

图 6-50

此时场景中 dustPar 和 debrisPar 两个粒子的颜色过于发黑,因此需要进行进一步调整,我们首先调整 debrisPar 粒子。首先为 debrisPar 粒子添加 RGBPP 和 OpacityPP 属性,具体添加过程略。为 RGBPP 属性指定一 ramp 贴图,将其重命名为 ramp_forDebrisParRGBPP,该贴图调整效果如图 6-51 所示:

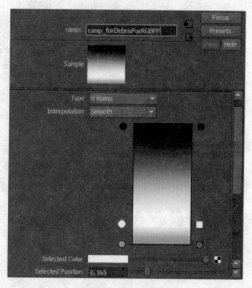

图 6-51

然后为 OpacityPP 属性也指定一 ramp 贴图,将其重命名为 ramp_forDebrisParOpacityPP,贴图调整效果如图 6-52 所示:

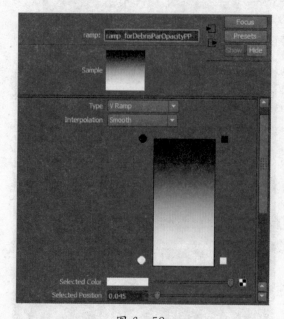

图 6-52

此时场景模拟效果如图6-53所示：

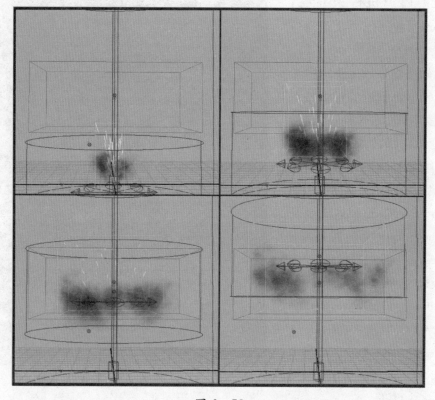

图6-53

此时我们来调整dustPar粒子的颜色，我们找到dustPar粒子的材质lambert_dustPar，并展开其下的color通道上的file贴图，并将Color Banlance属性的Color Gain、Color Offset和Alpha Gain属性进行相应的调整，效果如图6-54所示：

由于dustPar是Sprite粒子形态，故我们需要使用Maya的硬件渲染功能才可以查看效果。执行Window\Rendering Editors\Hardware Render Buffer，此时硬件渲染窗口打开如图6-55所示：

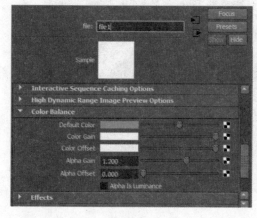

图6-54

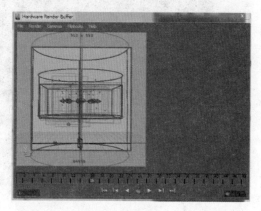

图6-55

此时在 Hardware Render Buffer 窗口中执行 Render \ Attributes，在弹出的设置窗口中设置如图 6-56 所示：

在硬件渲染设置窗口中关于 Resolution 属性的设置是以名称、渲染图片的宽与高和渲染图像的像素比的格式来命名的，如我们主要是渲染成 512×512 的方形图片，故这里假借了 1K_Square 的名称，而像素比也是 1；Alpha Source 则设置为 Luminance，其余设置略，此时硬件渲染效果如图 6-57 所示：

此时在 Hardware Render Buffer 窗口中执行 Render \ Render Sequence 则可以渲染出我们需要的第一套序列帧，效果如图 6-58 所示：

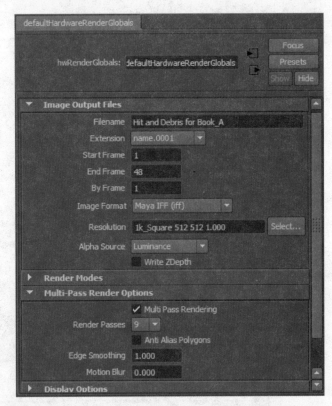

图 6-56

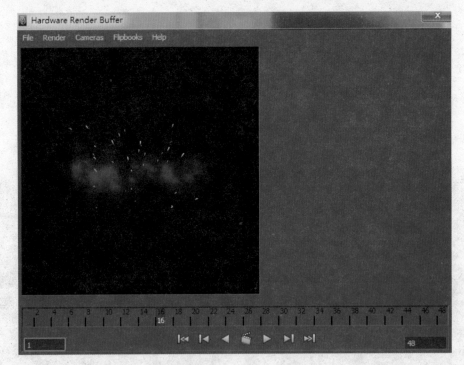

图 6-57

Hit and Debris for Book_A.0001	Hit and Debris for Book_A.0017	Hit and Debris for Book_A.0033
Hit and Debris for Book_A.0002	Hit and Debris for Book_A.0018	Hit and Debris for Book_A.0034
Hit and Debris for Book_A.0003	Hit and Debris for Book_A.0019	Hit and Debris for Book_A.0035
Hit and Debris for Book_A.0004	Hit and Debris for Book_A.0020	Hit and Debris for Book_A.0036
Hit and Debris for Book_A.0005	Hit and Debris for Book_A.0021	Hit and Debris for Book_A.0037
Hit and Debris for Book_A.0006	Hit and Debris for Book_A.0022	Hit and Debris for Book_A.0038
Hit and Debris for Book_A.0007	Hit and Debris for Book_A.0023	Hit and Debris for Book_A.0039
Hit and Debris for Book_A.0008	Hit and Debris for Book_A.0024	Hit and Debris for Book_A.0040
Hit and Debris for Book_A.0009	Hit and Debris for Book_A.0025	Hit and Debris for Book_A.0041
Hit and Debris for Book_A.0010	Hit and Debris for Book_A.0026	Hit and Debris for Book_A.0042
Hit and Debris for Book_A.0011	Hit and Debris for Book_A.0027	Hit and Debris for Book_A.0043
Hit and Debris for Book_A.0012	Hit and Debris for Book_A.0028	Hit and Debris for Book_A.0044
Hit and Debris for Book_A.0013	Hit and Debris for Book_A.0029	Hit and Debris for Book_A.0045
Hit and Debris for Book_A.0014	Hit and Debris for Book_A.0030	Hit and Debris for Book_A.0046
Hit and Debris for Book_A.0015	Hit and Debris for Book_A.0031	Hit and Debris for Book_A.0047
Hit and Debris for Book_A.0016	Hit and Debris for Book_A.0032	Hit and Debris for Book_A.0048

图 6-58

由于此处我们得到的序列帧只是扫射的一个完整序列，我们可以回到场景中做一些参数的修改而得到相似的序列帧，具体的调整参数可以有以下几个方面：如可以对粒子发射器的发射速度进行微调；粒子属性中的 Emission Random Stream Seeds 值，可以是粒子的 Level of Detail 值，也可以是紊乱场的位置以及强度值，等等，当然材质以及贴图等属性值都可以进行调整，这里不再详细阐述。提醒读者注意：每次调整后可以将场景重新命名并保存从而利于后面的修改。调整满意后进行相应的硬件渲染即可，在本例中我们共进行调整并渲染了四次，即得到了 Hit and Debris for Book_A.0001——Hit and Debris for Book_A.0048，Hit and Debris for Book_B.0001——Hit and Debris for Book_B.0048，Hit and Debris for Book_C.0001——Hit and Debris for Book_C.0048，Hit and Debris for Book_D.0001——Hit and Debris for Book_D.0048 共四套序列帧，我们将在飞机扫射场景中尝试一下。

图 6-59

首先打开已经准备好的飞机飞行动画场景，如图 6-59 所示：

场景中的碰撞粒子已经被设置为Sprite渲染形态，我们的思路是每一个碰撞出的Sprite粒子的贴图使用被我们渲染出的碎片烟雾序列帧48帧图片，之后Sprite粒子就消失，故首先我们将Sprite形态粒子也即collide_dustPar粒子的生命值Lifespan Mode设为Constant，并将Lifespan设为2。然后为该粒子指定一Lambert材质，并将该材质重新命名为lambert_collideDustPar，并为材质的Color通道指定我们渲染出的四套序列帧中的一套，如Hit and Debris for Book_B.0001——Hit and Debris for Book_B.0048系列，关于file文理的属性设置请参看图6-60所示。

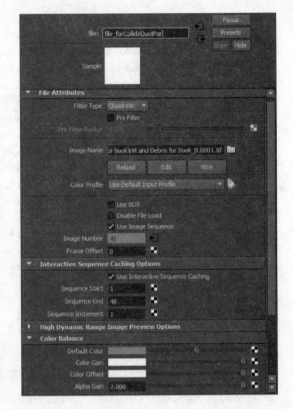

图6-60

在图6-60中关于file纹理设置重要的是要勾选Use Image Sequence，并将Image Number删除其表达式而使用关键帧控制。其余设置请参看本书以前相关内容，在此不再详述。

之后我们选择collide_DustPar粒子并在Render Attributes卷展栏中将SpriteNum设为5，此时模拟场景如图6-61所示：

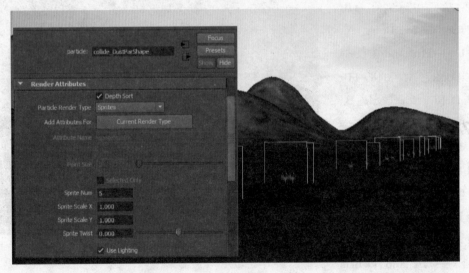

图6-61

在图6-61所示中子弹爆炸碎片位于地面以上，是由于我们进行了表达式控制。首先为collide_DustPar添加SpriteNumPP、Sprite Scale X PP和Sprite Scale Y PP属性，然后为 Sprite Scale X PP、Sprite Scale Y PP 和 Position 属性写入如下创建表达式：

float $scaleXYPP = rand(1,1.2);

collide_DustParShape.spriteScaleXPP = $scaleXYPP;

collide_DustParShape.spriteScaleYPP = $scaleXYPP;

//make spritePar offset in Y direction;

vector $oriPosition = collide_DustParShape.position;

float $offsetY = collide_DustParShape.spriteScaleYPP/2.2;

collide_DustParShape.position = <<$oriPosition.x, $oriPosition.y + $offsetY, $oriPosition.z >>;

表达式输入效果如图 6-62 所示：

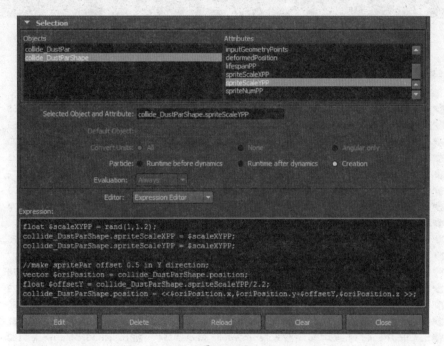

图 6-62

由于碰撞的 sprite 粒子不能顺序替代我们准备的 48 帧图片，故接下来还要为粒子的 spriteNumPP 写入运行表达式（Runtime before dynamics），表达式如下：

collide_DustParShape.spriteNumPP += 1;

具体输入过程略，此时执行表达式场景播放效果如图 6-63 所示：

图 6-63

由于我们为 collide_DustPar 粒子准备了四套序列帧,而现在只使用其中的一套,那么我们可以使用选择替代的方法来使用其余三套序列帧。首先将四套序列帧使用后期软件合成一个整套序列帧,在本例中我们使用了 Fusion 来实现,具体操作过程如图 6-64 所示:

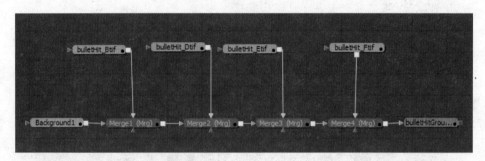

图 6-64

合成后我们将得到 192 张序列帧图片,效果如图 6-65 所示:

bulletHitGround_whole.0112	bulletHitGround_whole.0140	bulletHitGround_whole.0168
bulletHitGround_whole.0113	bulletHitGround_whole.0141	bulletHitGround_whole.0169
bulletHitGround_whole.0114	bulletHitGround_whole.0142	bulletHitGround_whole.0170
bulletHitGround_whole.0115	bulletHitGround_whole.0143	bulletHitGround_whole.0171
bulletHitGround_whole.0116	bulletHitGround_whole.0144	bulletHitGround_whole.0172
bulletHitGround_whole.0117	bulletHitGround_whole.0145	bulletHitGround_whole.0173
bulletHitGround_whole.0118	bulletHitGround_whole.0146	bulletHitGround_whole.0174
bulletHitGround_whole.0119	bulletHitGround_whole.0147	bulletHitGround_whole.0175
bulletHitGround_whole.0120	bulletHitGround_whole.0148	bulletHitGround_whole.0176
bulletHitGround_whole.0121	bulletHitGround_whole.0149	bulletHitGround_whole.0177
bulletHitGround_whole.0122	bulletHitGround_whole.0150	bulletHitGround_whole.0178
bulletHitGround_whole.0123	bulletHitGround_whole.0151	bulletHitGround_whole.0179
bulletHitGround_whole.0124	bulletHitGround_whole.0152	bulletHitGround_whole.0180
bulletHitGround_whole.0125	bulletHitGround_whole.0153	bulletHitGround_whole.0181
bulletHitGround_whole.0126	bulletHitGround_whole.0154	bulletHitGround_whole.0182
bulletHitGround_whole.0127	bulletHitGround_whole.0155	bulletHitGround_whole.0183
bulletHitGround_whole.0128	bulletHitGround_whole.0156	bulletHitGround_whole.0184
bulletHitGround_whole.0129	bulletHitGround_whole.0157	bulletHitGround_whole.0185
bulletHitGround_whole.0130	bulletHitGround_whole.0158	bulletHitGround_whole.0186
bulletHitGround_whole.0131	bulletHitGround_whole.0159	bulletHitGround_whole.0187
bulletHitGround_whole.0132	bulletHitGround_whole.0160	bulletHitGround_whole.0188
bulletHitGround_whole.0133	bulletHitGround_whole.0161	bulletHitGround_whole.0189
bulletHitGround_whole.0134	bulletHitGround_whole.0162	bulletHitGround_whole.0190
bulletHitGround_whole.0135	bulletHitGround_whole.0163	bulletHitGround_whole.0191
bulletHitGround_whole.0136	bulletHitGround_whole.0164	bulletHitGround_whole.0192
bulletHitGround_whole.0137	bulletHitGround_whole.0165	Composition1
bulletHitGround_whole.0138	bulletHitGround_whole.0166	
bulletHitGround_whole.0139	bulletHitGround_whole.0167	

图 6-65

此时需要回到 collide_DustPar 粒子的 lambert 材质的 color 贴图的 file 节点上进行重新调整。首先将载入图片更改为我们在 Fusion 中导出的新序列,即共 192 帧系列图片,这样相应的 Image Number 关键帧动画和 Sequence End 都需要将最大值设为 192,设置效果如图 6-66 所示:

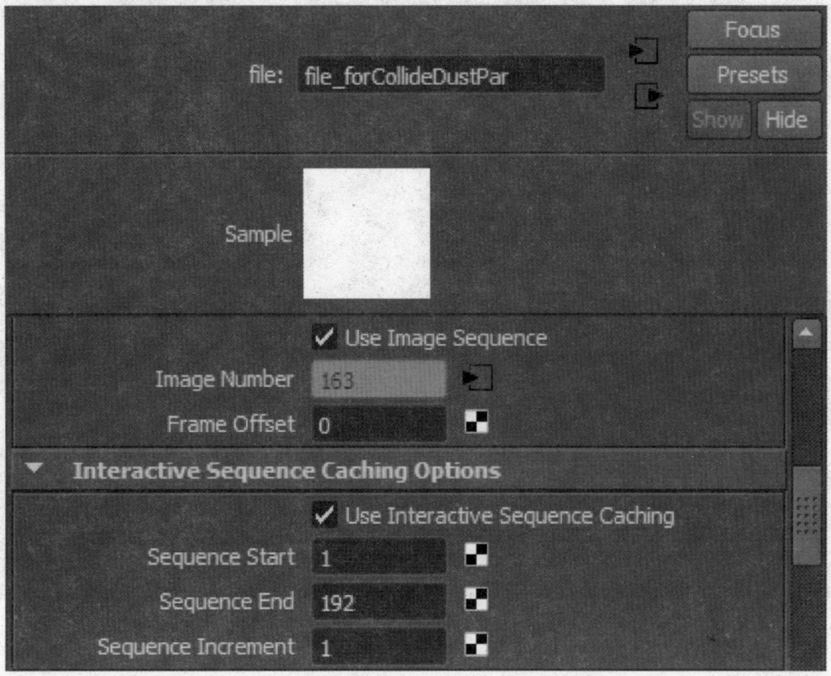

图 6-66

接下来我们要为粒子 collide_DustPar 的 spriteNumPP 写入创建表达式,表达式如下:

//set initial number different with its id;

int $stratNum = (collide_DustParShape. particleId%4);

if($stratNum == 0)

collide_DustParShape. spriteNumPP =1;

else if($stratNum == 1)

collide_DustParShape. spriteNumPP =49;

else if($stratNum == 2)

collide_DustParShape. spriteNumPP =97;

else if($stratNum == 3)

collide_DustParShape. spriteNumPP =145;

表达式输入效果如图 6-67 所示:

```
Selected Object and Attribute: collide_DustParShape.spriteNumPP
Default Object:
Convert Units:  ● All              ○ None            ○ Angular only
Particle:       ○ Runtime before dynamics  ○ Runtime after dynamics  ● Creation
Evaluation:     Always
Editor:         Expression Editor
Expression:
float $scaleXYPP = rand(1,1.2);
collide_DustParShape.spriteScaleXPP = $scaleXYPP;
collide_DustParShape.spriteScaleYPP = $scaleXYPP;

//make spritePar offset 0.5 in Y direction;
vector $oriPosition = collide_DustParShape.position;
float $offsetY = collide_DustParShape.spriteScaleYPP/2.2;
collide_DustParShape.position = <<$oriPosition.x,$oriPosition.y+$offsetY,$oriPosition.z >>;

//set initial number different with its id;
int $stratNum = (collide_DustParShape.particleId%4);
if($stratNum == 0)
collide_DustParShape.spriteNumPP =1;

else if($stratNum == 1)
collide_DustParShape.spriteNumPP =49;

else if($stratNum == 2)
collide_DustParShape.spriteNumPP =97;

else if($stratNum == 3)
collide_DustParShape.spriteNumPP =145;
```

图 6-67

以上表达式的含义是首先将粒子的 id 值与 4 整除后取余,余为 0 的 Sprite 粒子的序列帧图片从第 1 张开始,如果余为 1 的粒子则序列帧图片从第 49 张开始,如果余为 2 的粒子则序列帧图片从第 97 张开始,如果余为 3 的粒子则序列帧图片从第 145 张开始,由于 collide_dustPar 粒子的生命值设置为 2,故粒子实现了我们所准备的四套序列帧的各自序列替代。该思路我们在消失的光环章节也做过相关阐述,请读者仔细思考。此时播放场景如图 6-68 所示:

图 6-68

模拟扫射的烟雾、碎片效果基本满意后,此时还需制作另外一个效果,就是子弹着地爆炸后留下的弹坑效果。首先在场景创建一默认的多边形平面,并将其重新命名为bulletHole,在为其指定一lambert材质后,还要为其指定一带有Alpha通道的位图,此时弹坑与材质贴图显示如图6-69所示。

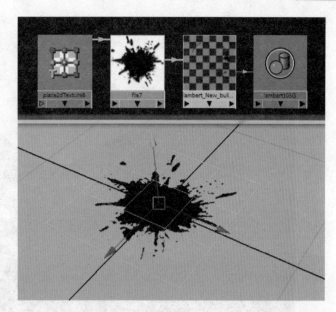

图 6-69

我们将使用该模型继续进行粒子替代,但首先需要在场景中生成新的碰撞粒子。先选中场景中的bulletPar粒子,并执行Particles\Particle Collision Event Editor,在新碰撞事件编辑器中设置效果如图6-70所示。

此时我们对新生成的collide_bulletHole粒子属性进行一些调整,为方便观察将粒子渲染形态设为Sphere,并将半径适当调低,具体调整过程略,此时模拟场景如图6-71所示。

此时使用已经准备好的bulletHole模型来对collide_bulletHole粒子进行粒子替换,选中bulletHole执行Particles\Instancer(Replacement),在弹出的设置对话框中只需将Particle Object to Instance设为collide_bulletHoleShape即可,其余选项位置不变,设置过程略。

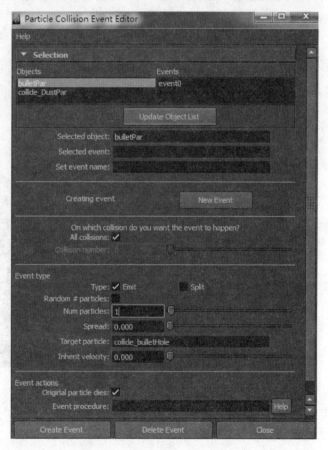

图 6-70

图 6-71

此时场景模拟显示如图 6-72 所示：

图 6-72

此时需要对 collide_bulletHole 粒子的形态进行隐藏，并对替代模型大小位置等属性进行调整。首先为 collide_bulletHole 粒子添加每粒子矢量属性 cusInsObjRotVecPP 和 cusInsObjScaleVecPP，具体添加过程略，然后为新添加的两个属性以及粒子的原 position 属性写入创建表达式，表达式如下：

```
//make insObjs offset a little in Y direction
vector $holdPos = position;
position = <<$holdPos.x,($holdPos.y+0.05),$holdPos.z>>;
//make insObjs have a smaller size and rot alittle in Y direction;
float $size = rand(0.2,0.4);
cusInsObjScaleVecPP = <<$size,$size,$size>>;
cusInsObjRotVecPP = <<0,rand(360),0>>;
```

表达式输入效果如图 6-73 所示：

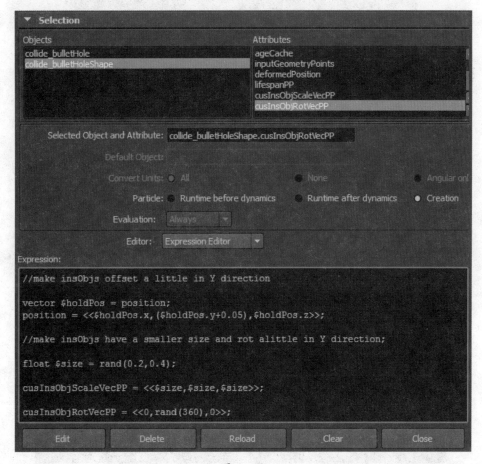

图 6-73

关于以上表达式的含义不再详细阐述，此时关于新创建的两个属性需要在粒子替代中起作用，我们还需在粒子 collide_bulletHole 的 Instancer(Geometry Replacement)中进行链接，设置效果如图 6-74 所示：

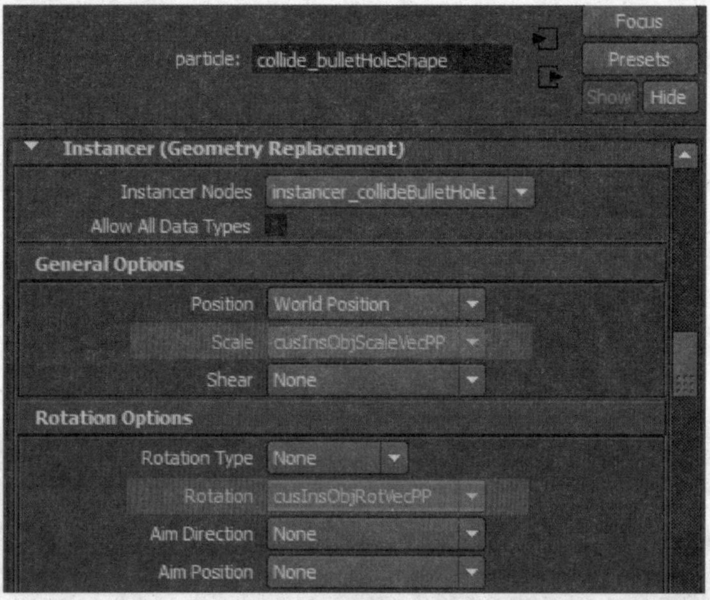

图 6-74

此时重新模拟场景效果如图 6-75 所示：

图 6-75

此时关于飞机扫射地面的效果基本就完成了。在本场景制作中主要使用了比较快捷的方法来实现烟雾与碎片，即借助 Sprite 粒子的贴图功能，此种方法模拟虽然较快捷，但是在渲染中要特别注意摄像机的视角要尽量平视。另外就是 Sprite 粒子的渲染需要借助 Maya 的硬件渲染器来显示，至于渲染方法在本章相关内容部分也做了介绍，在此不再深入阐述，而本章的主旨内容也阐述完毕，请读者把握其中的关键制作节点。

第7章 龙卷风

本章我们阐述一下在三维动画制作或影视动画中常见的龙卷风的制作方法。在龙卷风的制作中主要注意其中两点，其一是例子的运动形态控制，其二是材质的渲染。制作在现实生活中龙卷风的形态各种各样，如图7-1所示只是部分形态照片：

图7-1

在本章中主要讲述如图 7-1 所示照片中 A 类的龙卷风的实现方法，而对于 B、C 及 D 类会给出实现思路与参考。

在 A 类龙卷风中主要是借助粒子表达式来实现对粒子形态的控制，如图 7-2 所示是我们的渲染序列：

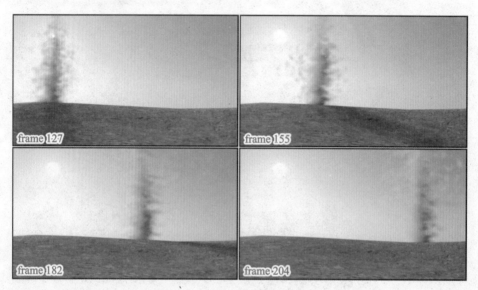

图 7-2

图 7-3 是粒子在场景中的 Cloud 显示状态：

图 7-3

在制作龙卷风之前先要分析龙卷风的形态，在制作中我们要利用三层粒子来丰富其形态。在制作前首先设置好工程目录并将 Maya 的功能模块切换到动力学，在场景中新建一发射器，命名为 emi_parA，粒子发射器设置效果如图 7-4 所示：

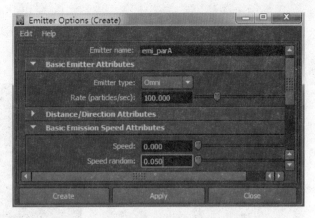

图 7-4

此时发射器的各属性中只有 Rate(数量)对我们有用，而其余的如速度属性则对我们影响不到，其主要原因是粒子形态会在后边接受表达式控制。此时将 emi_parA 发射器所发射的粒子重新命名为 parA，其好处是能使二者对应起来，此时播放场景初步效果如图 7-5 所示：

图 7-5

此时选中粒子，将粒子的渲染形态设置球型，并设置合适的半径大小，并将颜色设置为一合适观察的颜色，例如红色，具体设置过程略，设置过程及场景显示效果如图 7-6 所示：

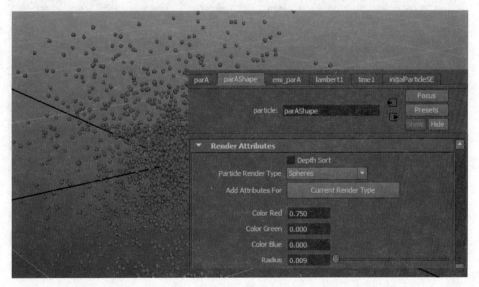

图 7-6

首先将粒子的生命值由 live forever 改为 lifespanPP only，然后利用表达式控制，在创建表达式中输入如下语句：

parAShape.lifespanPP = rand(15,25);

此时 parA 粒子就会在一段时间后自动死亡，具体输入过程略。接下来要对粒子的运动形态进行较复杂控制，即让粒子呈螺旋上升形态，这需要为粒子新建一些属性。

在螺旋上升的运动形态中，我们按照螺旋和上升两个形态依次解决。首先为 parA 粒子新建两个属性，分别是 cusRadiusFloatPP 和 cusCircleLoopFloatPP。属性 cusRadiusFloatPP 是为了确定粒子的环绕半径的大小，而 cusCircleLoopFloatPP 是为了使不同的粒子在环绕中有不同的周期，即旋转速度不同，新建属性效果如图 7-7 所示：

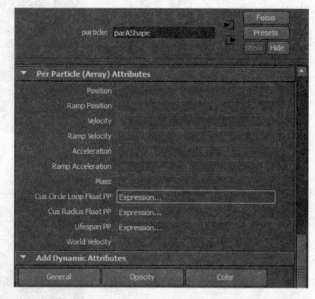

图 7-7

然后为两个新建属性进行表达式控制，表达式输入效果如图 7-8 所示：

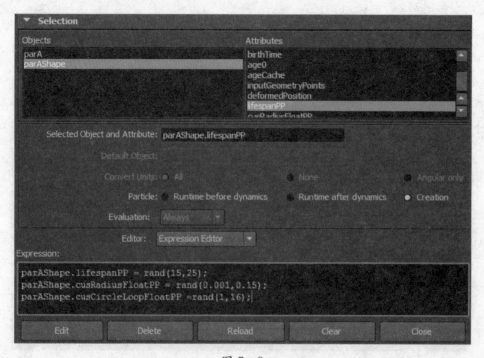

图 7-8

接下来我们对粒子的位置进行表达式控制,以达到我们想要的圆环效果,为粒子的 position 属性再创输入如下创建表达式(creation):

vector $holdPos = parAShape.position;

float $posX = parAShape.cusRadiusFloatPP * sin(time * parAShape.cusCircleLoopFloatPP+parAShape.particleId);

float $posZ = parAShape.cusRadiusFloatPP * cos(time * parAShape.cusCircleLoopFloatPP+parAShape.particleId);

parAShape.position = <<$posX,0,$posZ>>;

上述表达式中重在 sin 和 cos 两个函数曲线的理解,而对于表达式中其余各项,相信读者在经过本书前面几章的学习已非常熟悉了,表达式输入效果如图 7-9 所示:

图 7-9

此时我们将粒子发射器的 emi_parA 的 Speed Random 值由原来的 0.05 设为 0,然后播放场景如图 7-10 所示:

图 7-10

此时会发现粒子是静止在出生位置,这是由于我们没有在粒子的运行表达式上进行控制,我们将在同样的语句输入到 parA 粒子的运行表达式中,语句如下:

vector $holdPos = parAShape.position;

float $posX = parAShape.cusRadiusFloatPP * sin(time * parAShape.cusCircleLoopFloatPP + parAShape.particleId);

float $posZ = parAShape.cusRadiusFloatPP * cos(time * parAShape.cusCircleLoopFloatPP + parAShape.particleId);

parAShape.position = <<$posX, 0, $posZ>>;

在粒子的运行表达式中输入效果如图 7-11 所示:

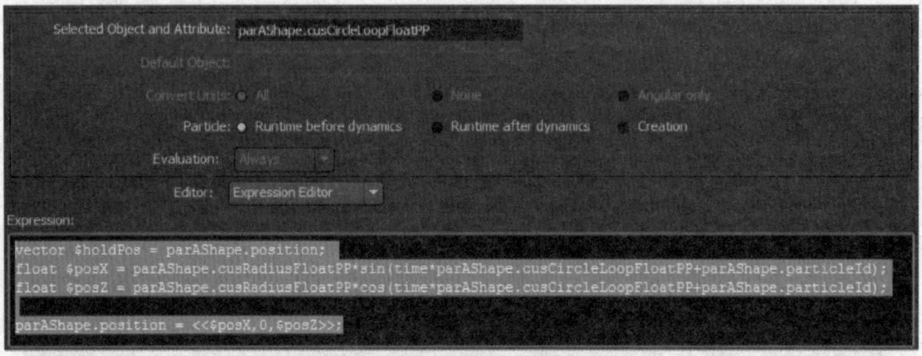

图 7-11

此时如果播放场景,会发现粒子围绕原点做圆周运动,这样我们就初步实现了粒子在螺旋运动中旋转,接下来我们要实现粒子的上升运动。首先为粒子添加一新建属性 cusPosYPlusValFloatPP,对于实现粒子的上升运动我们只需在粒子的 Y 值每帧增加新的属性值即可。对于该值如果简单一点只需赋予一随机值即可,但此处我们使用了如下创建表达式:

int $condVal = (parAShape.particleId%2);

if($condVal == 0){

parAShape.cusPosYPlusValFloatPP = ((1 - parAShape.cusRadiusFloatPP)/65.0);

}

else{

parAShape.cusPosYPlusValFloatPP = rand(0.0012, 0.014);}

在其中我们使用了判断粒子的 ID 方法,来使一部分粒子的属性 cusPosYPlusValFloatPP 的值和粒子的旋转半径产生关联,半径越小上升越快,反之亦然,而另一部分粒子则随机取值。此时创建表达式输入效果如图 7-12 所示:

在创建表达式中定义了该属性后,则需要我们在运行表达式中使用,从而使粒子产生上升运动,此时将运行表达式修改如下:

vector $holdPos = parAShape.position;

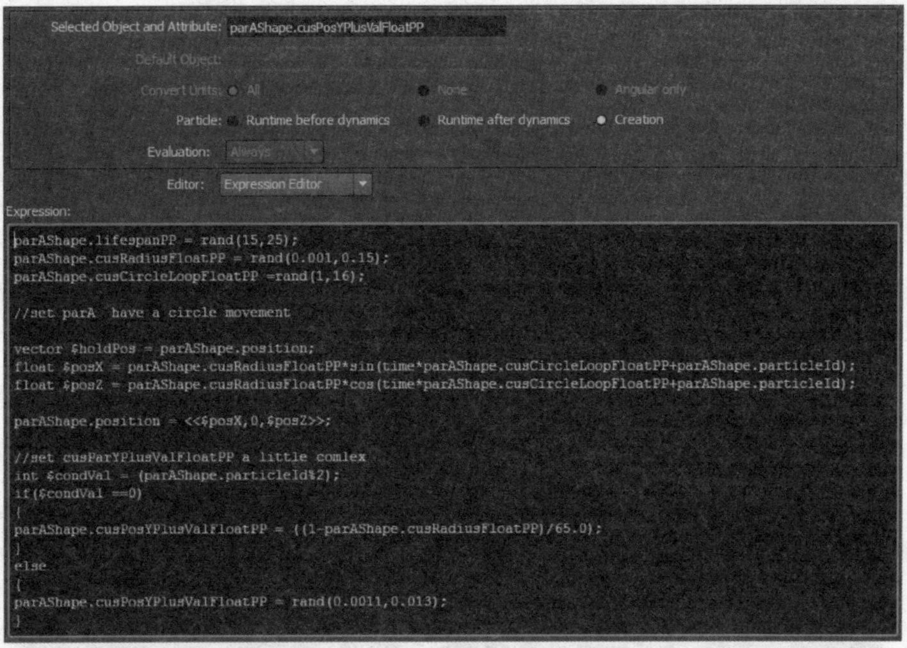

图 7-12

float $posX = parAShape.cusRadiusFloatPP * sin(time * parAShape.cusCircleLoopFloatPP+parAShape.particleId);

float $posZ = parAShape.cusRadiusFloatPP * cos(time * parAShape.cusCircleLoopFloatPP+parAShape.particleId);

float $posY = $holdPos.y;

//parAShape.position = <<$posX,0,$posZ>>;

parAShape.position = <<$posX,($posY+parAShape.cusPosYPlusValFloatPP),$posZ>>;

在上述表达式中关于粒子 positionY 的取值可作如下解释，首先在某一帧将粒子 parA 的位置存储在变量 $holdPos 中，然后将分量 $holdPos.y 赋值给变量 $posY，然后再将 cusPosYPlusValFloatPP 标值加到 $posY 上，并将新值<<$posX,($posY+parAShape.cusPosYPlusValFloatPP),$posZ>>重新赋值给粒子的位置属性，表达式的输入效果如图 7-13 所示：

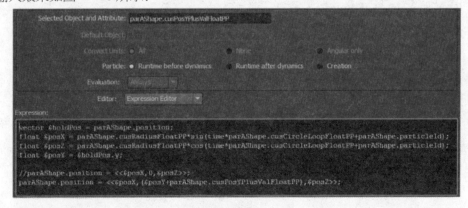

图 7-13

此时播放场景效果如图 7-14 所示：

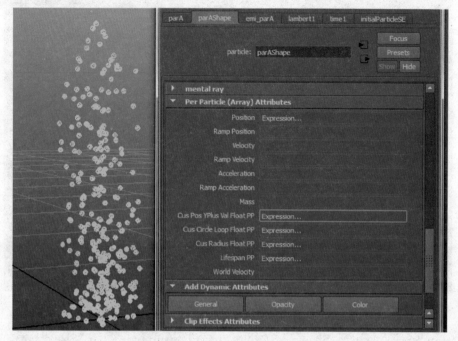

图 7-14

现在粒子的螺旋上升两个形态我们都已得到，接下来我们要做些调整，就是粒子在上升中其旋转半径应该逐渐扩大，其实现方法有很多种，这里介绍较简单的一种，将运行表达式改写为如下：

// add this line to define a float number to make the circle grows;
float $radiusGrowfactor =(1+ 1.8 * smoothstep(0, parAShape. lifespanPP, parAShape. age));
vector $holdPos = parAShape. position;
float $posX = $radiusGrowfactor * parAShape. cusRadiusFloatPP * sin(time * parAShape. cusCircleLoopFloatPP+parAShape. particleId);
float $posZ = $radiusGrowfactor * parAShape. cusRadiusFloatPP * cos(time * parAShape. cusCircleLoopFloatPP+parAShape. particleId);
float $posY = $holdPos. y;
parAShape. position = <<$posX,($posY+parAShape. cusPosYPlusValFloatPP), $posZ>>;

在运行表达式中我们定义了一属性 $radiusGrowfactor，该属性和粒子的生命值属性通过 smoothstep 函数相关联，希望读者能结合本书前面章节的相关内容，领略其含义，然后我们用该属性作为 $posX 和 $posZ 的系数存在，从而获得了粒子在上升中不断扩展的效果，如果想获得较夸张的效果可以将 smoothstep 前面的系数 1.8 扩大即可，表达式修改效果如图 7-15 所示：

图 7-15

此时播放场景效果如图 7-16 所示：

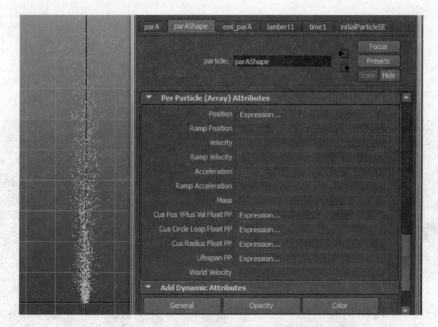

图 7-16

要获得粒子运动形态较满意效果，我们需要对粒子的渲染形态进行调整，但本例中由于需要制作三种粒子，故将粒子的形态放在后面统一调整。接下来我们制作第二套粒子，大概制作思路和 parA 粒子相似，只是在运动态势上进行适当调整。

首先在场景中创建新发射器，命名为 emi_parB，并将其发射的粒子命名为 parB，将其渲染形态进行调整，如设为绿色球形，此时场景显示如图 7-17 所示：

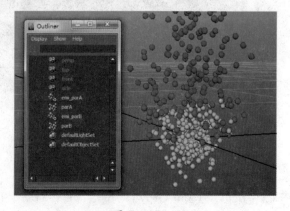

图 7-17

然后我们对parB进行表达式控制，其基本控制方式与parA相似，只是在具体参数设置上不同，该粒子的存在是为了做龙卷风的外围形态，我们还是为parB粒子添加一系列新属性，如cusPosYPlusValFloatPP、cusCircleLoopFloatPP及cusRadiusFloatPP，然后为上述属性分别进行表达式控制，创建表达式基本如下：

parBShape.lifespanPP = rand(15,21);

parBShape.cusRadiusFloatPP = rand(0.001,0.3);

parBShape.cusCircleLoopFloatPP =rand(1,13);

int $condVal = (parBShape.particleId%2);

if($condVal ==0){

parBShape.cusPosYPlusValFloatPP = ((1 − parBShape.cusRadiusFloatPP)/70.0);

}

else{

parBShape.cusPosYPlusValFloatPP = rand(0.001,0.014);}

表达式输入效果如图7-18所示：

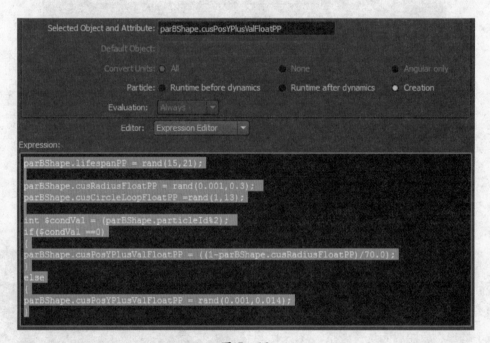

图7-18

对添加的属性进行运行表达式控制，表达式如下：

vector $holdPosRuntime = parBShape.position;

float $radiusGrowfactor =(1+ (parBShape.cusRadiusFloatPP * 10) * smoothstep(0,parBShape.lifespanPP,parBShape.age));

float $x = $radiusGrowfactor * parBShape.cusRadiusFloatPP * sin(time * parB-

Shape. cusCircleLoopFloatPP+parBShape. particleId);

　　float $z = $radiusGrowfactor * parBShape. cusRadiusFloatPP * cos(time * parBShape. cusCircleLoopFloatPP+parBShape. particleId);

　　float $y = $holdPosRuntime. y;

　　float $yPlus = $y+parBShape. cusPosYPlusValFloatPP;

　　parBShape. position = <<$x, $yPlus, $z>>;

在上述表达式中,请注意关于浮点变量$radiusGrowfactor的赋值变化。表达式的输入效果如图7-19所示:

图 7-19

此时播放场景效果如图7-20所示:

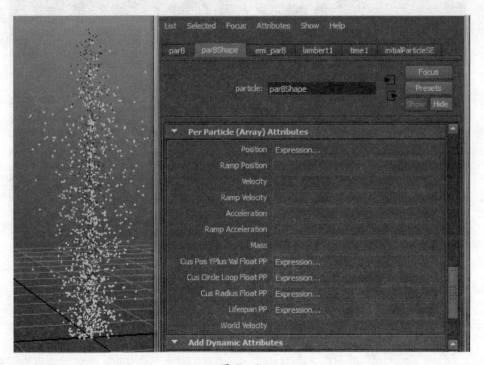

图 7-20

这样我们就完成了第二套粒子的制作,接下来我们制作第三套粒子,该套粒子是为了模拟龙卷风最外层。首先还是创建发射器并将其重命名为 emi_parC,并将其发射粒子改名为 parC,在为 parC 的新建属性中有 cusPosYPlusFloatPP、cusRadiusPlusFloatPP、CusRadiusFloatPP,在新建属性中我们增加的 cusRadiusPlusFloatPP 是为了在将来的运行表达式中扩展粒子的运动半径。然后为粒子的 position 属性先进行创建表达式控制,表达式如下:

parCShape.lifespanPP = rand(16,33);

parCShape.cusCircleLoopFloatPP = rand(1,24);

parCShape.cusRadiusFloatPP = rand(0.01,0.1);

parCShape.cusRadiusPlusFloatPP = rand(0.0008,0.003);

parCShape.cusPosYPlusFloatPP = rand(0.003,0.011);

vector $creatPos = parCShape.position;

float $creatPosX = parCShape.cusRadiusFloatPP * sin(time * parCShape.cusCircleLoopFloatPP+parCShape.particleId);

float $creatPosZ = parCShape.cusRadiusFloatPP * cos(time * parCShape.cusCircleLoopFloatPP+parCShape.particleId);

parCShape.position = <<$creatPosX,0,$creatPosZ>>;

表达式输入效果如图 7-21 所示:

图 7-21

运行表达式输入如下:

parCShape.cusRadiusFloatPP += parCShape.cusRadiusPlusFloatPP;

vector $creatPos = parCShape.position;

float $creatPosX = parCShape.cusRadiusFloatPP * sin(time * parCShape.cusCircleLoopFloatPP+parCShape.particleId);

float $creatPosZ = parCShape.cusRadiusFloatPP * cos(time * parCShape.cusCircleLoopFloatPP+parCShape.particleId);

parCShape.position = <<$creatPosX,(parCShape.cusPosYPlusFloatPP+$creatPos.y),$creatPosZ>>;

运行表达式输入效果如图 7-22 所示：

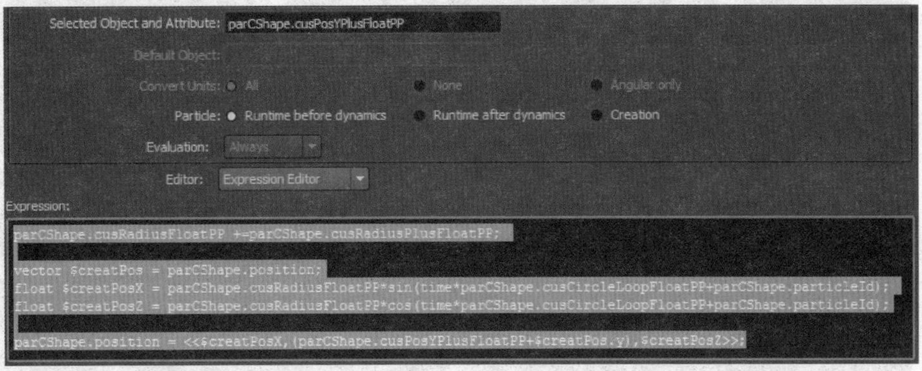

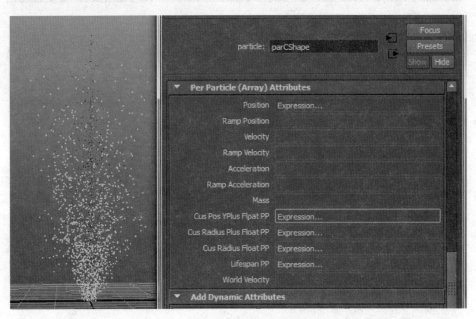

图 7-22

此时播放场景如图 7-23 所示：

图 7-23

此时场景中的粒子运动基本完成。其实上面的三套粒子我们完全可以用一套粒子完成，只需要通过判断 ID 的方式即可，有兴趣的读者可以自己完成。另外读者也可以继续增加粒子模拟龙卷风外围更加复杂的形态，但是这里我们重在思路引导，请大家独自完成。

接下来比较重要的是如何让三套粒子移动起来，而不是只在原点。我们可以通过一物体的移动，然后将物体的移动信息传递给粒子即可。

首先在场景创建一曲线和一 locator，并将 locator 和曲线之间制作路径动画，具体创建过程略，创建效果如图 7-24 所示：

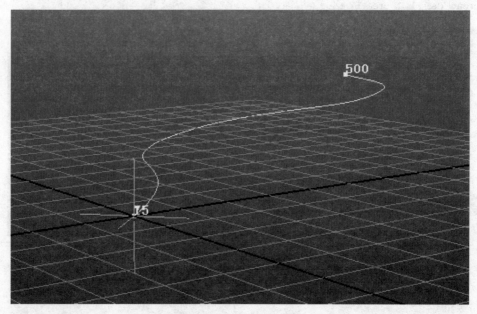

图 7-24

接下来就是该如何将 loc 物体的移动信息传递给三个粒子物体，这还需要我们在表达式中进行控制。

首先选中 parA 粒子，并进入表达式编辑状态，在 parA 粒子的创建表达式中首先加入下列语句：

　　float $locPosX = `getAttr loc.tx`;

　　float $locPosY = `getAttr loc.ty`;

　　float $locPosZ = `getAttr loc.tz`;

上述语句放在语句"vector $holdPos = parAShape.position;"前面，上述语句借助 Maya 的 Mel 命令，getAttr 命令来获取 loc 物体的位移信息（在表达式中通常不太适合使用这种 Mel 命令，其原因是这种 Mel 命令会强迫 Maya 逐帧更新场景从而降低场景的交互速度，但有时这又是不得已而为之）。

然后将原来的有关位置控制信息表达式：

　　float $posX = parAShape.cusRadiusFloatPP * sin(time * parAShape.cusCircleLoopFloatPP+parAShape.particleId);

　　float $posZ = parAShape.cusRadiusFloatPP * cos(time * parAShape.cusCircleLoopFloatPP+parAShape.particleId);

　　parAShape.position = <<$posX,0,$posZ>>;

重新改写为：

float $newPosX = $locPosX+ parAShape.cusRadiusFloatPP * sin(time * parAShape.cusCircleLoopFloatPP+parAShape.particleId);

float $newPosZ = $locPosZ+ parAShape.cusRadiusFloatPP * cos(time * parAShape.cusCircleLoopFloatPP+parAShape.particleId);

parAShape.position = <<$newPosX,$locPosY,$newPosZ>>;

此时 parA 粒子的创建表达式的输入效果如图 7-25 所示：

图 7-25

上面进行的只是 parA 粒子的创建表达式控制，我们还需要在运行表达式中进行控制才可以使粒子完全跟随 loc 物体运动。首先将原来的有关 parA 粒子位置控制的运行表达式注解掉，使其不再起作用，然后再输入如下表达式：

float $locPosX = `getAttr loc.tx`;

float $locPosY = `getAttr loc.ty`;

float $locPosZ = `getAttr loc.tz`;

vector $holdPos = parAShape.position;

float $newPosX = $locPosX + $radiusGrowfactor * parAShape.cusRadiusFloatPP * sin(time * parAShape.cusCircleLoopFloatPP+parAShape.particleId);

float $newPosZ = $locPosZ + $radiusGrowfactor * parAShape.cusRadiusFloatPP * cos(time * parAShape.cusCircleLoopFloatPP+parAShape.particleId);

float $newPosY = $locPosY+ $holdPos.y;

parAShape.position = <<$newPosX,($newPosY+parAShape.cusPosYPlus-

ValFloatPP),$newPosZ>>;

表达式输入效果如图7-26所示:

图7-26

此时播放场景观看粒子的运动改变,效果如图7-27所示:

图7-27

此时parA粒子已经跟随loc一起移动,但是parB和parC粒子则留在了原点处,故对parB和parC粒子也同样进行表达式控制即可达到目的,具体分析和输入过程略,关于parB粒子的创建表达式输入效果如图7-28所示:

图 7-28

关于 parB 粒子的运行表达式输入效果如图 7-29 所示：

图 7-29

此时播放场景观察 parB 粒子的运动形态，效果如图 7-30 所示。

关于 parC 粒子的创建表达式和运行表达式修改输入过程略，在修改后三套粒子都将跟随 loc 物体进行移动，场景播放效果如图 7-31 所示：

图7-30

图7-31

在粒子运动形态基本控制完毕后,接下来要对粒子的材质进行调整,在调整之前需先将粒子的渲染形态设为 Cloud(s/w),然后将粒子内置的属性 radiusPP 显示出来以方便进行控制,具体设置过程略。场景显示效果如图7-32所示:

接下来利用创建表达式对每套粒子的 radiusPP 属性进行控制,这里使用简单的 rand 函数即可,当然读者也可进行更复杂的控制,这里令每个粒子的 radiusPP

图7-32

皆等于 rand(0.01,0.1),输入之后重新播放场景效果如图7-33所示:

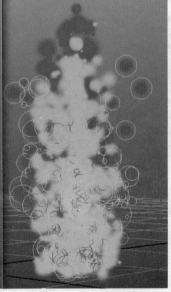

图7-33

然后我们为粒子指定新材质particleCloud，至于particleCloud材质的基本设置方法请大家参考在爆炸章节中有关烟雾调节方法，在此不再详细阐述。由于我们将使用MentalRay渲染器，并开启全局渲染和运动模糊，故我们可以勾选粒子的渲染属性下的Better Illumination，效果如图7-34所示：

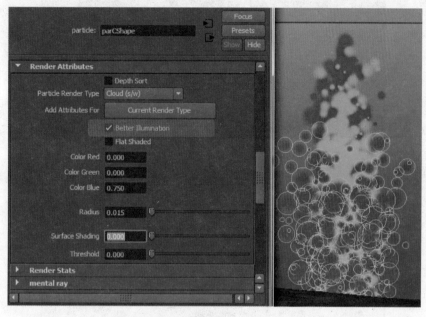

图7-34

接下来在mentalRay渲染属性中进行设置，其中最主要的是将MentalRay的运动模糊打开，关于模糊选项设置效果如图7-35所示：

另外在全局照明上我们开启了MentalRay的Physical Sky，具体参数设置没有做太多修改，只是在sunDirection的摆放上使其尽量放平，这样会使环境的大气效果更明显，并且龙卷风的投影更长，sunDirection的设置效果如图7-36所示：

图7-35

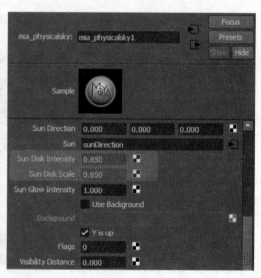

图7-36

sunDirection 在场景中的摆放及场景初步渲染效果分别如图 7-37 和 7-38 所示：

图 7-37

图 7-38

至此龙卷风效果就讲解完毕了，本例中的方法比较直接，只需利用表达式而不需要构建太多的变形动画就可实现龙卷风基本运动形态，图 7-39 是序列帧截图：

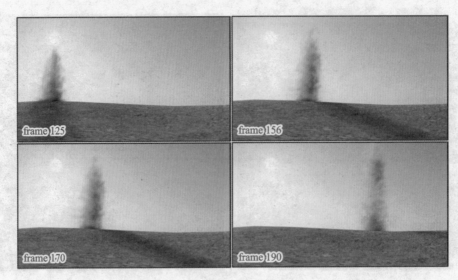

图 7-39

我们前面提到龙卷风有很多形态，不同的形态要求对粒子的控制有所区别，故在龙卷风制作中可以用曲线流（如图7-40所示）或Nurbs放样模型之后通过粒子的goal来实现粒子的运动形态的控制（如图7-41所示），有兴趣的读者可以参考相关的教程。

图7-40

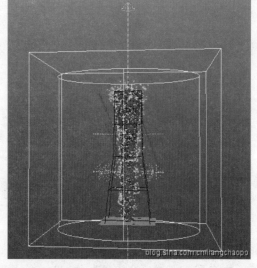

图7-41

另外对龙卷风的材质制作也是比较重要的一个问题，笔者比较中意于Cloud云粒子的使用，其控制方便且渲染快速。当然在实际制作中也有人喜欢用替换物或借助Maya的流体来实现，如图7-42和图7-43就分别是替换物方式和Fluid模拟方式实现的龙卷风效果，在此不再过多阐述，相应的制作方法请参考相关资料。另外需提醒大家的是特效的制作往往是各种方法的综合使用，不要拘泥于某一种形式，再者数量对于最后效果的呈现也起着很大作用。

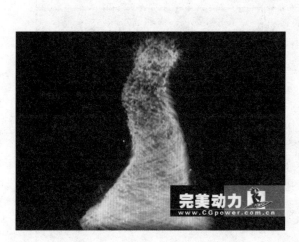

图7-42

图7-43

第8章 案例——天龙生物

本章我们阐述一个案例制作,是一个片头制作,其中在动力学环节主要应用了 Maya 的 Fluid 和粒子,在设置上都比较简单,在此将主要制作过程做一个概要阐述,请读者能够触类旁通。图 8-1 是片子大概效果的主要截图:

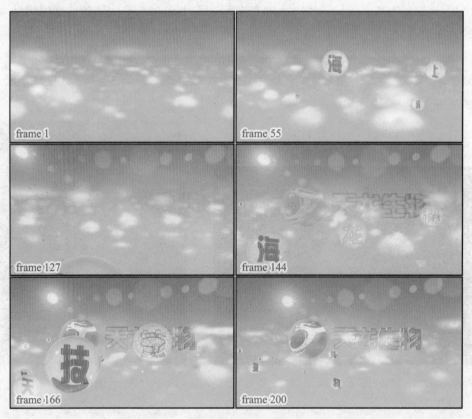

图 8-1

在制作中主要是分几个主要步骤进行，接下来我们就将主要的过程阐述给大家。首先就是天龙标志和场景中用到的文字，天龙标志主要利用的是 Nurbs 球形和 Curve 线经过两次 Trim(剪切)而获得，图 8-2 是 Nurbs 球形被剪切结果和相应的剪切曲线，具体的剪切及制作过程略：

图 8-2

在天龙标志的材质设计上，主要是遵循原企业的标志设定，进行主要的材质区分，上半部分使用蓝色，中间龙形使用白色，而下半部分则使用绿色，同时标志要渐隐出来故在材质的 Transparency 通道上进行了动画处理，当然动画曲线要仔细调整，特别是其要配合后面的粒子替换效果及短片的节奏，关于标志的三个部分的材质效果如图 8-3 所示：

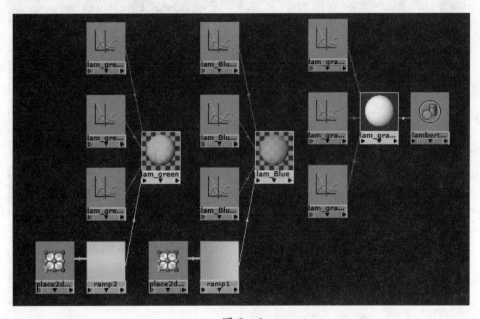

图 8-3

由于 Maya 对汉字的制作功能较弱，因此对于汉字的制作一般可从两个方面考虑，其一是在 PS 中将汉字进行路径提取，然后将路径以 AI 格式输出，然后在 Maya 中导入后使用 Bevel-plus 进行拉伸处理；其二是借助 MAX

图 8-4

比较先进的汉字输入功能来制作，然后在 MAX 和 Maya 之间进行互导即可。在本例中使用了第一种方法，字体的曲线效果如图 8-4 所示：

字体制作后及赋予了材质的效果如图8-5所示：

由于天龙生物字体需要和标志实现对等的渐显效果，因此也需要材质动画处理，天龙生物的材质显示效果如图8-6所示：

图8-5

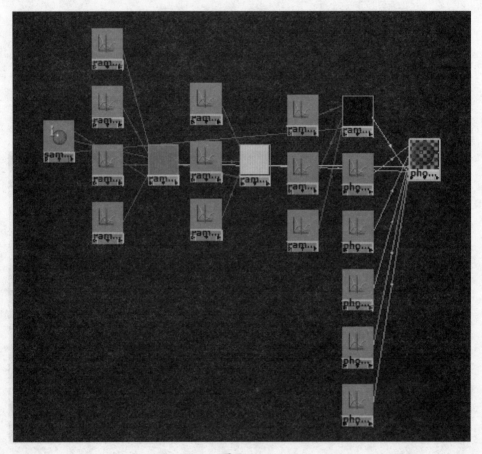

图8-6

接下来要准备的是将来在粒子替换中要使用的模型，这部分模型比较特殊，采用了圆球包裹文字的模式，其中包裹用的圆球是对应文字的父物体，这里比较特殊的是球体不能用NURBS模型，否则在后面的替换中会出问题，关于替换模型在Hypergragh Hierarchy中显示效果如图8-7所示：

替换模型在场景中的显示效果如图8-8所示：

替换模型在场景中的渲染效果如图8-9所示：

在基本模型准备完毕后，接下来制作飞逝远去的云层。

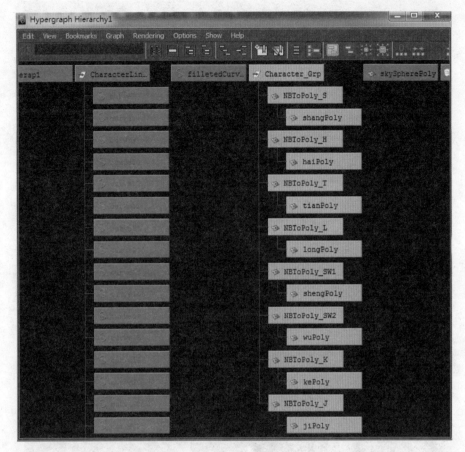

图 8-7

图 8-8

图 8-9

　　远去飞逝的云朵我们借助了 Maya 的 Fluid，为了使将来相机的回旋动画不受限制，我们这里将云层制作的较大，大小如图 8-10 所示：

　　具体云层的制作方法请读者参考笔者《三维场景设计与制作》的第 7 章环境特效章节有关乌云的制作方法，这里为了减少篇幅只将云层设置的一些参数呈现给大家，Fluid 云层的 Shading 属性一些基本参数设置如图 8-11 所示：

图 8-10

图 8-11

Fluid 云层的 Textures 属性一些基本参数设置如图 8-12 所示：

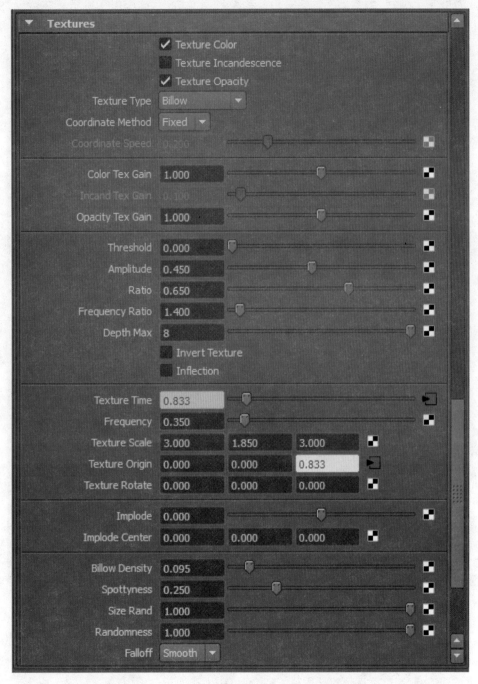

图 8-12

在云效果制作完毕后我们先进行摄像机动画设置，在进行摄像机动画设置之前，我们先将摄像机的种类做修改，即将其由普通相机更改为目标摄像机，并将其隐藏属性去掉了，使其正常显示在场景中，当然读者也可以另建新摄像机来完成，从而不需要更改场景的默认相机。

在将摄相机更改为目标摄像机后，我们将目标点锁定在了天龙标志上，同时将天龙标志及标志字成组，成组后使该组被目标约束到摄像机上，这样摄相机虽然在运动，但天龙标志会一直朝向摄像机。具体设置过程略，大纲及场景显示效果如图8-13所示：

图 8-13

摄像机动画效果如图8-14所示：

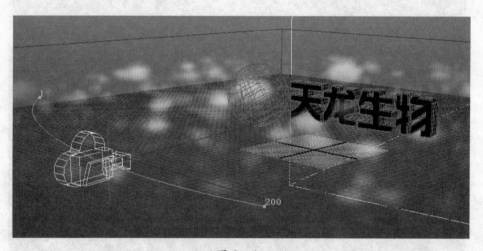

图 8-14

关于目标摄像机的动画设定方法，请读者参考笔者在《动画模型制作技法及应用》最后一章关于模型展示动画制作中的摄像机环绕动画的实现方法，在此不再详细阐述，在基本场景准备完毕后，我们就可以准备实现粒子效果制作了。

首先在场景中创建一NURBS曲面（制作方法因人而异，在此不详述），并将其转化为粒子发射器，NURBS曲面发射器效果如图8-15所示：

发射器的发射参数及rate的动画设置效果如图8-16所示：

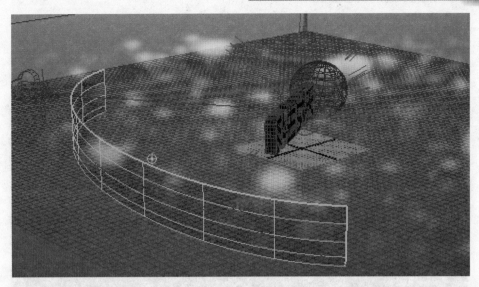

图 8-15

图 8-16

此时播放场景,粒子效果如图 8-17 所示:

图 8-17

切换到渲染摄像机即动画摄像机中,观察到的效果如图 8-18 所示:

图 8-18

接下来实现粒子替换,具体替换过程略。在替换后需要为粒子新建一些属性来控制替换后物体的替换顺序、替换大小等,如这里为粒子添加了两个属性,分别是 cusObjIndexPP 和 cusObjInstScalePP,前者是浮点属性,后者是矢量属性,然后为粒子写入创建表达式,表达式语句如下:

float $initialSpeed = mag(parForCharacterShape.velocity);

parForCharacterShape.lifespanPP = $initialSpeed;

parForCharacterShape.cusObjIndexPP = int(rand(0.1,8.9));

float $scalePP = rand(3,6);

parForCharacterShape.cusObjInstScalePP = <<$scalePP,$scalePP,$scalePP>>;

表达式输入效果如图 8-19 所示:

在上述表达式中我们将粒子的初始速度取模后赋予了粒子的生命值,粒子表达式为我们可以将各种不相关的属性进行关联提供了可能,包括粒子的自有属性和新建属性之间。

图 8-19

然后为粒子写入运行表达式，表达式语句如下：

float $linstepAge = smoothstep（0,parForCharacterShape.lifespanPP,parForCharacterShape.age）;

parForCharacterShape.cusObjInstScalePP *= (1－$linstepAge);

表达式输入效果如图 8-20 所示：

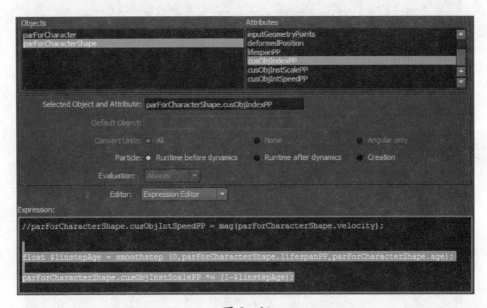

图 8-20

在为新建属性进行表达式控制后，如果想要其起作用还需在替换属性中进行相应的指定，指定过程如图 8-21 所示：

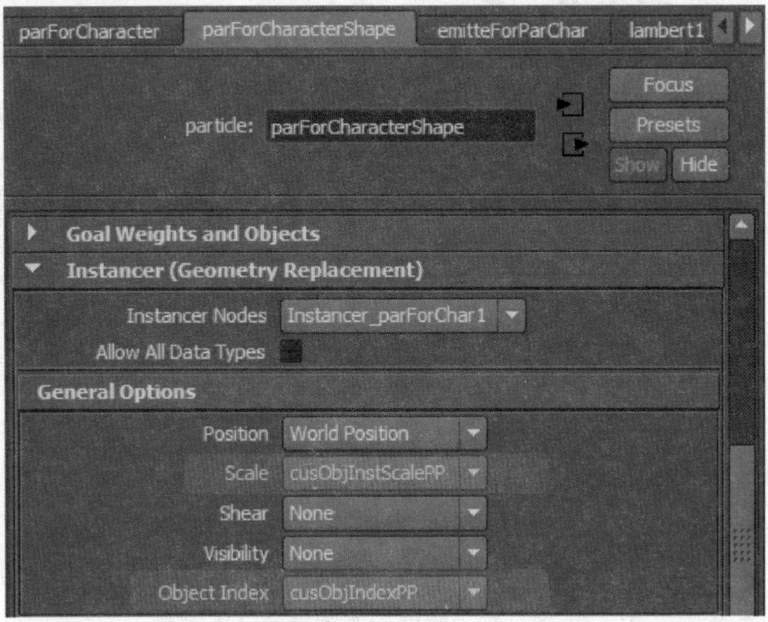

图 8-21

此时测试场景基本达到预期要求,场景播放效果如图8-22所示:

图8-22

之后就是设置灯光和渲染测试,在达到效果后进行批渲染处理,然后再合理地利用后期进行润色,这些过程都留给读者自己思考完成。其渲染效果如图8-23所示:

图8-23

至此本书的内容基本完成了。在本书中主要是对Maya粒子表达式进行了重点讲解,在一般动画的制作中利用Maya粒子系统中提供的场或其预置效果就能解决很多问题,希望读者能自己去熟悉。另外由于笔者时间有限,本书还有很多内容没有涉及到,如Maya的nParticle系统,Maya的Particle和fluid之间的结合应用,Maya粒子系统和第三方粒子特效模拟软件如RealFlow的交互结合使用,Maya粒子在第三方的渲染软件如3Delight的渲染等问题都没有涉及,希望以后能有机会继续完善。